Windows+Word+Excel+PowerPoint效率手册一本通

文渊阁工作室 编著

中国水利水电出版社
www.waterpub.com.cn
·北京·

内容提要

本书针对基本操作、Windows、Office、Word、Excel、PowerPoint 六大单元进行讲解，书中的范例操作虽以 Windows 8.1系统 + Office 2013为工具，但并不局限于此版本，大部分技巧同样适用于 Windows 7/ Windows 8/ Windows 10和Office 2007/ Office 2010/ Office 2013/ Office 2016等版本。

本书内容收录了简单好用的快捷键操作技巧以及最新的 Windows 10 + Edge 全新浏览器。这些技巧是高效率工作中必不可少的快速实用妙招，每个技巧涵盖“招式说明”与“速学流程”两个主题，读者在轻松无负担的学习状态下，按几个键或单击几下鼠标，弹指间就能搞定工作大小事！

本书适合作为Windows 初学者及追求高效率办公的工作人员的参考书。

北京市版权局著作权合同登记号：图字 01-2016-8943

本书经碁峰咨询股份有限公司授权出版中文简体字版本。

图书在版编目（CIP）数据

Windows+Word+Excel+PowerPoint效率手册一本通 / 文渊阁工作室编著. -- 北京 : 中国水利水电出版社, 2017.1

ISBN 978-7-5170-5103-9

Ⅰ. ①W… Ⅱ. ①文… Ⅲ. ①Windows操作系统②办公室自动化—应用软件③表处理软件④图形软件 Ⅳ. ①TP3

中国版本图书馆CIP数据核字(2017)第013563号

责任编辑：周春元　　加工编辑：韩莹琳

书　名	Windows+Word+Excel+PowerPoint 效率手册一本通 WINDOWS+WORD+EXCEL+POWERPOINT XIAOLÜ SHOUCE YIBENTONG
作　者	文渊阁工作室　编著
出版发行	中国水利水电出版社 （北京市海淀区玉渊潭南路 1 号 D 座　100038） 网 址：www.waterpub.com.cn E-mail：mchannel@263.net（万水） sales@waterpub.com.cn 电 话：（010）68367658（营销中心）、82562819（万水）
经　售	全国各地新华书店和相关出版物销售网点
排　版	北京万水电子信息有限公司
印　刷	联城印刷（北京）有限公司
规　格	170mm×230mm　16 开本　17.25 印张　261 千字
版　次	2017 年 1 月第 1 版　2017 年 1 月第 1 次印刷
印　数	0001—3000 册
定　价	48.00 元

凡购买我社图书，如有缺页、倒页、脱页的，本社营销中心负责调换

关于文渊阁工作室

常常听到很多读者跟我们说："我就是看你们的书学会用计算机的。"

是的！这就是写书的出发点和原动力，想让每个读者都能看懂我们的书，跟上软件应用的脚步，让软件不只是软件，而是提高个人效率的工具。

文渊阁工作室创立于 1987 年，第一本计算机丛书《快快乐乐学计算机》于该年底问世。工作室的创立成员邓文渊、李淑玲在学习计算机的过程中，就像每个刚开始接触计算机的你一样碰到了很多问题，因此决定整合自身的编辑、教学经验及新生代的高手群，陆续推出"快快乐乐全系列"计算机丛书，冀望以轻松、深入浅出的笔触、详细的图说，解决计算机学习者的彷徨无助，并搭配相关网站服务读者。

随着时代的进步与读者需求的增加，文渊阁工作室除了原有的 Office、多媒体网页设计系列，更将著作范围延伸至各类程序设计、摄影、影像编修与创意书籍。如果您在阅读本书时有任何的问题或许多的心得要与所有人一起讨论共享，欢迎光临文渊阁工作室网站，或者使用电子邮件与我们联络。

文渊阁工作室网站　http://www.e-happy.com.tw

服务电子信箱　e-happy@e-happy.com.tw

Facebook 粉丝团　http://www.facebook.com/ehappytw

总 监 制：邓文渊

监　　督：李淑玲

营销企划：邓君如　黄信溢

责任编辑：邓君如

执行编辑：黄郁菁　张温馨　熊文诚

关于本书

本书针对基本操作、Windows、Office、Word、Excel、PowerPoint 六大单元进行讲解，范例操作虽以 Windows 8.1 系统 + Office 2013 为工具，但并不局限于此版本，大部分技巧同样适用于 Windows 7 / Windows 8 / Windows 10 和 Office 2007/ Office 2010 / Office 2013 / Office 2016 等版本。

本书内容收录了简单好用的快捷键操作技巧以及最新的 Windows 10 + Edge 全新浏览器，每个技巧涵盖 " 招式说明 " 与 " 速学流程 " 两个主题，读者在轻松无负担的学习状态下，按几个键或单击几下鼠标，弹指间就能搞定工作大小事！

以下说明各技巧的内容布置方式，读者在阅读时除了熟悉按键技巧外，更能在最短的时间内掌握学习重点。

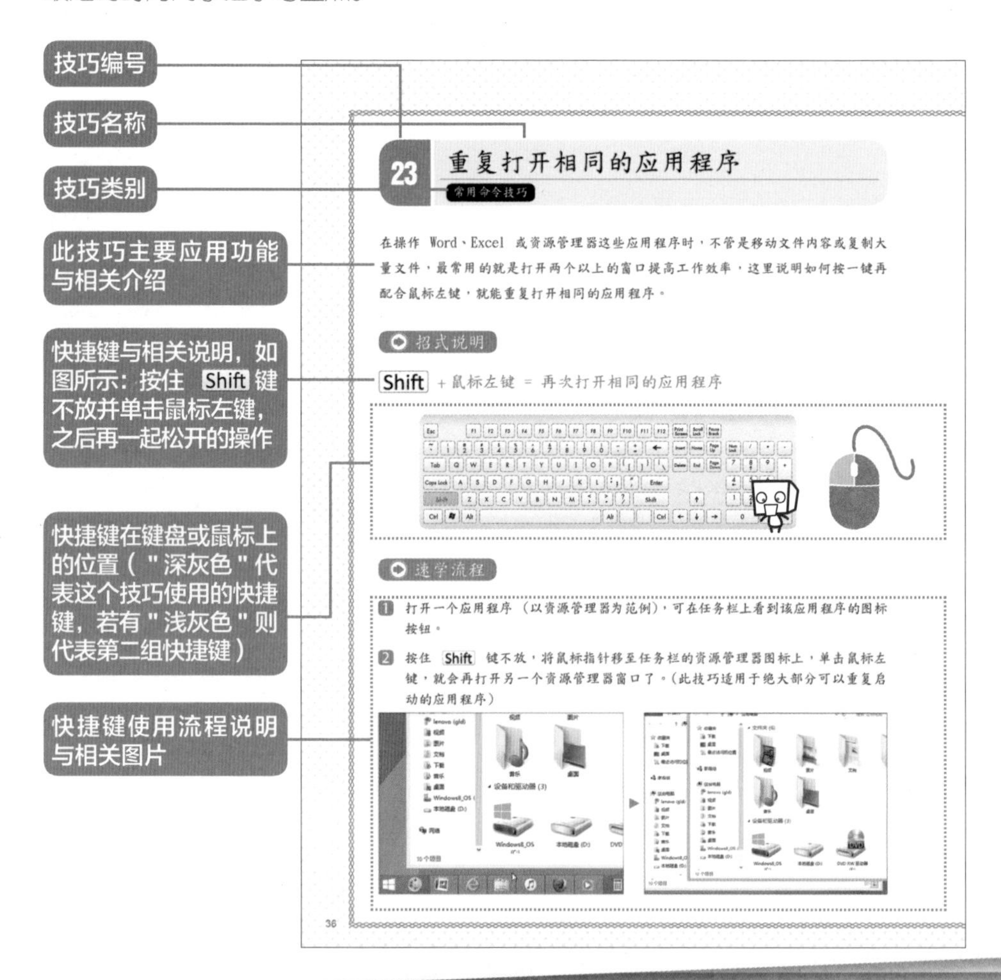

目录

Part 1 Hello! 入手必学

Part 2 Windows 密技公告

资源管理器操作技巧

输入法切换技巧

Part 3 Office 必备关键技巧

基础操作技巧

编辑操作技巧

文字格式设计技巧

Part 4 Word 文本编辑灵活应用

单元格格式设定技巧

数据速算技巧

数据编辑技巧

PowerPoint 不必说话就赢的演示文稿术

基础操作技巧

图文设计技巧

多媒体设计技巧

放映技巧

Part 7 Windows 10 + 全新浏览器 Microsoft Edge

Windows 快捷键

Windows 快捷键

Windows 快捷键

Office 快捷键

Office 快捷键

Office 快捷键

Ctrl + Shift + > = 放大字号（适用于 Word、PowerPoint）........................ 96

Ctrl + Shift + Tab = 在对话框中切换至上一个选项卡 75

Ctrl + Tab = 在对话框中切换至下一个选项卡 75

Ctrl + F1 = 隐藏或显示功能区 73

Ctrl + F6 = 切换同一应用程序中的其他文件 70

Ctrl + 鼠标滚轮 = 快速放大或缩小显示比例 74

Esc = 取消目前的操作 90

Shift + F10 = 显示快捷菜单列表 77

Shift + Alt + ↑ = 段落文字往上移动（适用于 Word、PowerPoint）.......... 97

Shift + Alt + ↓ = 段落文字往下移动（适用于 Word、PowerPoint）.......... 97

F1 = 打开 [帮助] 窗口 80

F4 = 重复上一个操作 89

F7 = 打开 [拼写检查] 任务窗格 83

F10 = 显示功能区的按键提示字母 72

↑、↓、←、→ = 利用方向键进行选项间的移动 76

Word 快捷键

先按 Alt ，再分别按 S 、T = 建立目录 134

Alt + Shift + C = 取消拆分窗口 110

Alt + Shift + D = 插入系统目前的日期 112

Alt + Shift + E = 打开 [新建地址列表] 对话框编辑邮件合并的数据........... 143

Alt + Shift + N = 打开 [合并到新文档] 对话框合并记录到新文档 144

Alt + Shift + P = 插入文件页码 133

Alt + Shift + T = 插入系统目前的时间 112

Word 快捷键

Word 快捷键

Excel 快捷键

Excel 快捷键

Excel 快捷键

PowerPoint 快捷键

PowerPoint 快捷键

PowerPoint 快捷键

Windows 10 快捷键

Windows 10 快捷键

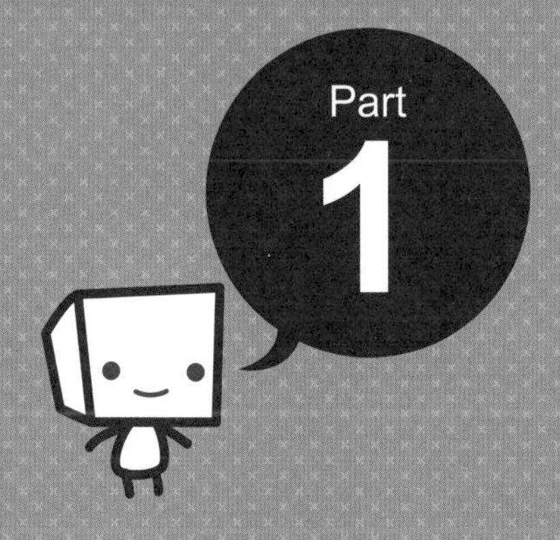

Hello! 入手必学

以简单又快速的方式介绍整个操作系统的环境与外部设备，当熟悉这些之后，对于快捷键与技巧的搭配运用就可以更顺畅地上手。

1 进入 Windows 8.1 开始界面

良好的开机、操作与关机习惯可以拥有稳定的计算机性能并可延长设备的使用期限。为了避免计算机主机在打开的过程中，被其他外部设备陆续开启时所产生的电流影响，建议先打开外部设备（如显示器、音箱等）电源，再打开计算机主机。

打开计算机的第一个界面，会看到由 4 个方块（Windows Logo）组成的启动图，待几秒的运行后会直接进入 Windows 8.1 开始界面（Windows 8 与 Windows 8.1 的操作方式相似，本书以 Windows 8.1 进行操作说明）。

2 鼠标与键盘的使用

鼠标与键盘是操控计算机的好帮手，虽然有些新型的显示屏拥有触控功能，可直接点按屏幕进行操作，但大部分的计算机还是需要运用鼠标与键盘选按界面中的功能按钮才能下达相关指令。

鼠标操控方式

当移动鼠标时，屏幕上的鼠标指针会跟着移动，可以借助鼠标的移动来控制指针，以下就是鼠标的基本操作：

1. 移到、指到（Pointing）

不单击鼠标左、右键，仅轻轻移动鼠标，就可将鼠标指针移到（指到）桌面上的某一位置或项目上。

2. 单击（Clicking，点取、选按或点选）

当鼠标指针移到特定位置上，按下鼠标左键并立即放开，这叫做“单击”。

开始 界面：将鼠标指针移到动态磁贴上单击鼠标左键，可启动该应用程序。

传统 桌面：将鼠标指针移到桌面图标上单击鼠标左键，可选取该图标。

3. 双击（Double-Clicking）

鼠标移至图标上，迅速地连续按两下鼠标左键，称为“双击”。例如：在传统**桌面**，将鼠标指针移至 **回收站** 图标上，并双击可打开相关窗口。

4. 拖拽（Dragging）

先将鼠标指针移至动态磁贴或图标上，按住鼠标左键不放，然后移动鼠标指针至新的位置，再松开鼠标左键，这样的动作叫做“拖拽”或“拖移”。例如：在 **开始** 界面，在任一动态磁贴上按住鼠标左键不放，以“拖拽”方式移动可调整动态磁贴摆放的位置。

5. 单击鼠标右键

将鼠标指针移至动态磁贴或桌面图标上单击鼠标右键，可打开相关的 **快捷菜单** 或一个包含各种有用指令的 **快捷功能菜单**，其内容依据选按位置的不同而有所调整。

开始 界面：在动态磁贴上单击鼠标右键，即会出现快捷菜单。

传统 桌面：在桌面图标上单击鼠标右键，会出现相关快捷菜单。

键盘基本功能介绍

键盘大致上可以分成“打字键区”“功能键区”“方向及编辑键区”“数字及编辑键区”等区域，只要清楚各区域的用途及按键，后续的操作就可以驾轻就熟。

- **功能键区**：有 F1 ~ F12 共 12 个功能键，以及 Esc **退出键**、Print Screen **屏幕打印键**、Scroll Lock **屏幕锁定键及** Pause Break **中断暂停键**。
- **打字键区**：包括数字与英文字的按键，其中有 Backspace **删除键**、Enter **回车键**、Tab **定位键**、Caps Lock **大小写切换键**、Space **空格键**等，为打字时常用的相关功能键。
- **方向及编辑键区**：此区总共有 ↑、↓、←、→ 共 4 个方向键及 Insert **插入键**、Delete **删除键**、Home **复位键**、End **结束键**、PageUp **上一页键**、PageDown **下一页键**，用于辅助文件编辑，有些新式键盘则将此区分散安排至其他位置。
- **数字及编辑键区**：数字及编辑键区位于键盘右方，具有数字相关按键及运算键，可使用 Num Lock **数字键** 进行转换，一般常用来输入数字（部分笔记本电脑的键盘没有此区域的按键）。

高效率地操控开始界面

通过 Windows，可以使用最熟悉的桌面或使用应用程序动态磁贴，并可以根据个人喜好操控鼠标、显示屏或键盘，现在就正式地进入 Windows 系统吧！

认识界面

进入 Windows 8.1（Windows 8）首先看到的是 **开始** 界面，以一块块色彩鲜明的方形图标组合呈现。方形图标代表的是一个个应用程序，在操作中称为 **动态磁贴** 。

用户名称：当计算机中设定了多个账户以供不同的用户共享这台计算机时，可在此处区分目前的用户或进行用户的切换。

桌面 磁贴

动态磁贴（默认的）

认识动态磁贴

Windows 8.1 开始界面排列了许多颜色宽度不一样的动态磁贴，那就从动态磁贴开始认识全新界面的使用方式吧。

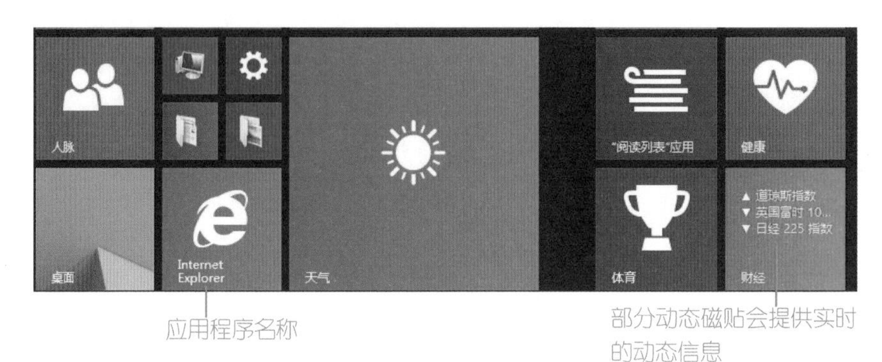

- **动态磁贴**：**开始** 界面上的每块动态磁贴均已指定链接到 **联系人**、**邮件**、**日历**、**照片**、**地图**、**应用商店**等应用程序，只要选按想启用的应用程序动态磁贴就可以打开该应用程序界面。
- **开始** 界面要钉选多少个动态磁贴都行，也可以将动态磁贴拖拽排列成喜欢的顺序。若是联入互联网，**财经**、**天气**、**体育**、**资讯**、**信息中心**等动态磁贴会显示最新最实时的信息，不必打开任何应用程序就可以收看。
- 在 **开始** 界面下方单击 按钮，可以浏览更多应用程序磁贴，在动态磁贴上右击，可以在快捷菜单中选择将它钉选在开始界面或桌面任务栏上。

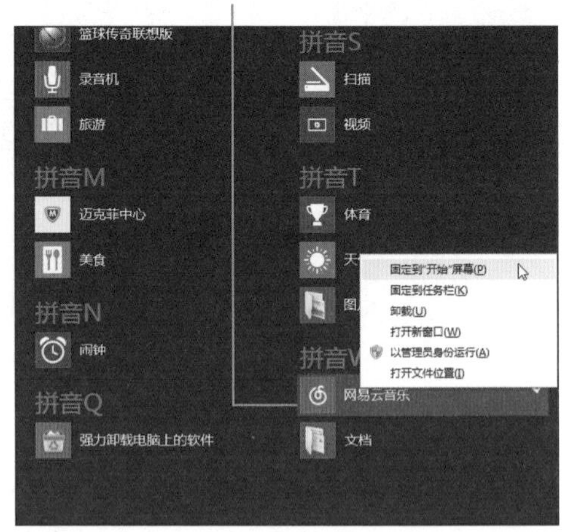

用动态磁贴启动应用程序

应用程序是一系列按照特定顺序组织计算机数据和指令的一个集合，Windows 8.1 默认的应用程序有：**人脉、邮件、日历、图片、地图、应用商店、财经、体育**等，这些默认的应用程序会以动态磁贴的形式钉在 **开始** 界面上。

现在试着体验动态磁贴的功能，开启 **开始** 界面中的 **资讯** 应用程序，并指定想要观看的频道，就可以看到最实时的各项新闻资讯。

在 **开始** 界面选按 **资讯** 磁贴启动应用程序，即会打开 MSN 资讯页面。

拖拽下方滚动条往右可以浏览更多资讯类别，选按想要浏览的该则资讯时，会打开详细的资讯内容，浏览后在画面左侧上方单击 ⓔ 可回到上一页。

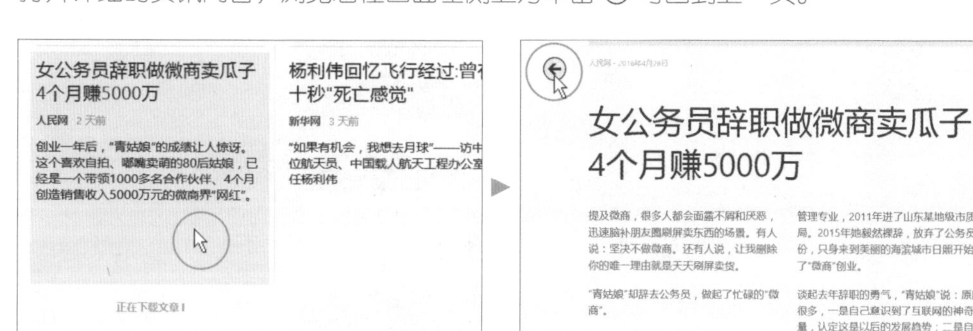

退出应用程序回到开始界面

进入应用程序后，只要将鼠标指针移至画面左下角，在 **开始** 按钮上单击，即可再度回到 **开始** 界面。

切换与关闭应用程序

当启动了多个应用程序，想要快速切换到某一个或想查看目前到底打开了哪些应用程序时，首先将鼠标指针移至画面左上角，再往下滑动展开 **应用程序菜单**，在想要启动的应用程序缩略图上单击即可切换至该应用程序。

在 **应用程序菜单** 中想要关闭的应用程序缩略图上右击，在弹出的命令栏中选择 **关闭** 命令，即可关闭该应用程序。（目前正在使用中的应用程序，不会显示在 **应用程序菜单** 中，所以也无法关闭，建议回到 **开始** 界面再执行关闭的动作。）

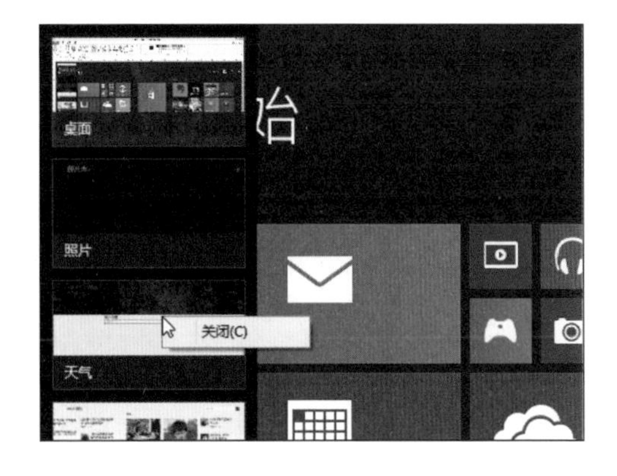

使用工具列表

Windows 8.1 将常用的五大工具整理于右侧隐藏的 **工具列表** 中。将鼠标指针移至界面右上角再往下滑动（或移至界面右下角往上滑动），**工具列表** 就会从界面右侧滑出，同时界面左下角会出现目前的时间日期。

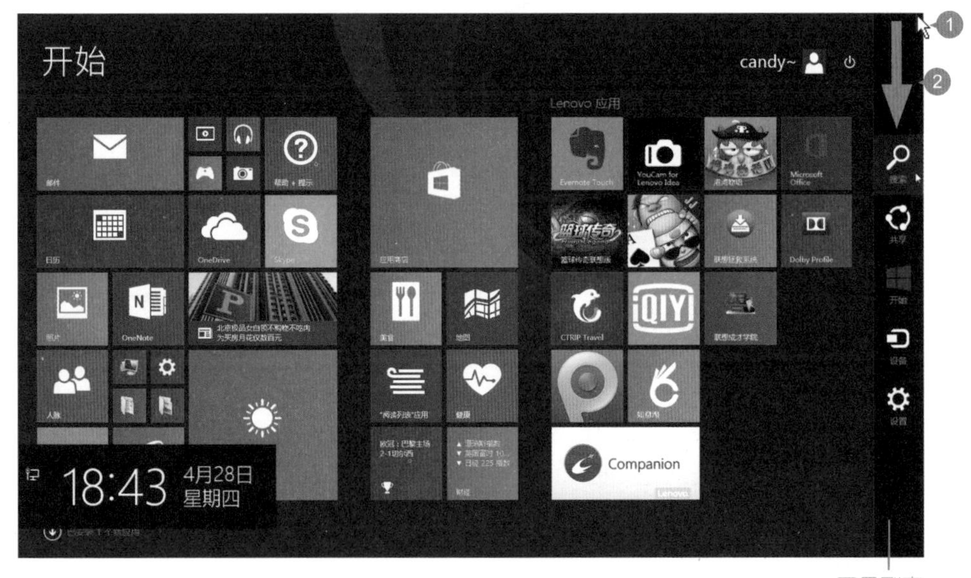

工具列表

工具列表 中提供了 Windows 常用的五大工具：**搜索**、**共享**、**开始**、**设备** 与 **设置**。

- 在 **工具列表** 中选按 **搜索**：只要在搜索字段中输入关键词，即可搜索 Windows 8.1 内预设或自己安装的应用程序以及文件。

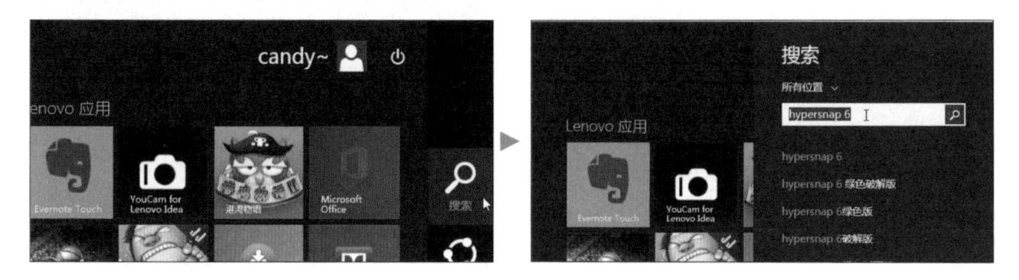

如果只是要针对特定项目进行搜索时，选按搜索项目右侧 下拉按钮，再选按要搜索的项目即可。

- 在 **工具列表** 中选按 **共享**：依据目前所在的应用程序而定，可将看到的新闻、好玩的 APP 等通过 **联系人** 或 **邮件** 发送给朋友。

- 在 **工具列表** 中选按 **开始**：可快速回到 **开始** 界面。
- 在 **工具列表** 中选按 **设备**：若计算机连接有第二台显示屏或投影仪，可通过此处选择投影模式。

● 在 **工具列表** 中选按 ⚙ **设置**：依目前所在位置而出现相关设置功能，在 **开始** 界面一定会有的功能包括**磁贴**、**帮助**、**网络**、**音量**、**亮度**、**通知**、**电源**、**键盘**等。

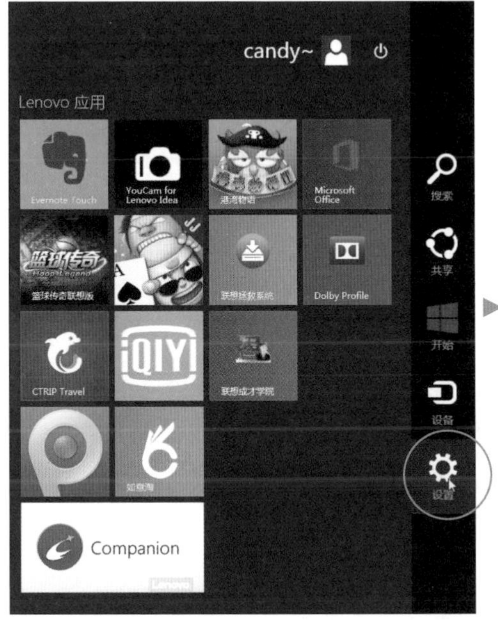

若在应用程序中则会有特定的功能项目（例如：**资讯** 应用程序）。

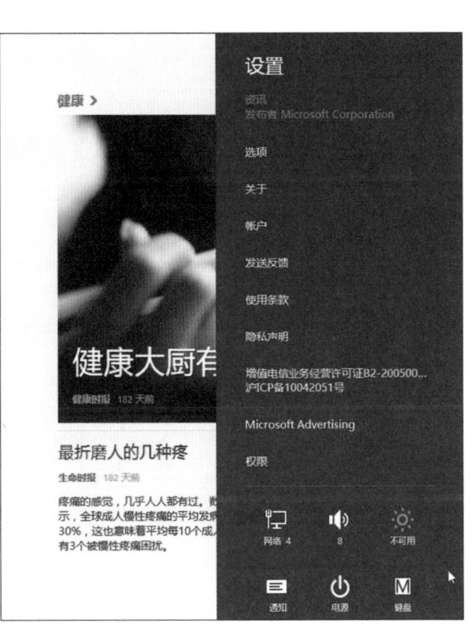

进入传统桌面与窗口管理

开始 界面是 Windows 8.1 整合平板电脑与传统计算机后设计出来的最新界面，然而传统的 **桌面** 并不是被取代了，只是重新设计在 **开始** 界面的一角。

开启传统桌面环境

在 **开始** 界面选按左下角的 **桌面** 磁贴可启动传统桌面环境，回到熟悉的操作环境进行资料整理、幻灯片制作、文章编排、文件管理等工作。

▼

认识桌面

Windows 8.1 中 **桌面** 预设环境十分简洁，只会在桌面显示 **回收站** 图标。

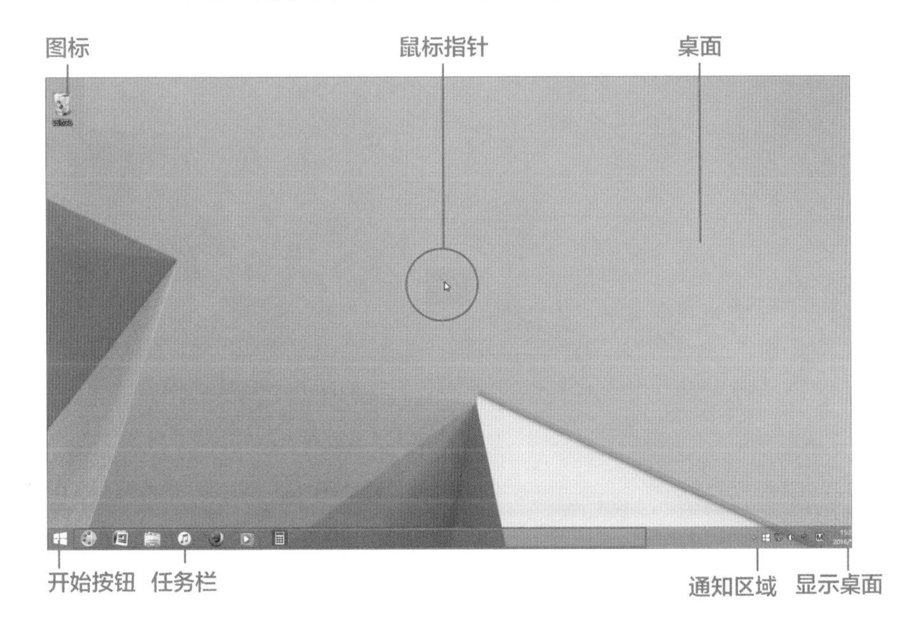

- **桌面**：工作的场所，可以在桌面放置常用应用程序的快捷方式、文件夹、文件等，让操作更顺手。
- **图标**：文件、文件夹、回收站、应用程序快捷方式等，都可经设定以图标的形式在桌面上显现，上图中为 **回收站** 图标，在图标上双击即可打开相关窗口或其应用程序。
- **开始按钮**：单击即可切换回 **开始** 界面。
- **任务栏**：用户可将常用的应用程序快捷方式放在这里，预设放置了 **Internet Explorer** 与 **资源管理器** 两个快捷方式图标。后续打开的应用程序与文件也会以缩略图显示在这里，以方便切换显示。
- **通知区域**：会显示时钟、音量等小图标，方便进行相关设定。
- **显示桌面** 按钮：在该按钮上方单击，可以快速返回桌面工作区。

5 正确关闭计算机

如果不是正常关机而是直接长按主机上的开机按钮强制关机时，会造成系统、应用程序与硬件某种程度上的受损，所以当要结束计算机的使用时，正确关闭计算机相当重要，不仅可以节省能源，也有助于保障计算机的正常运行。

Windows 8.1 的关机

关机虽然只是一个小小的动作，但 Windows 8.1 画面的 **开始** 按钮已不像以前可以直接找到 **关机** 按钮，那到底该如何关闭计算机呢？一起来看看 Windows 8.1 正确的关机操作：

首先将鼠标指针移至界面右上角再往下滑动，侧边栏就会从界面右侧滑出，选按 ⚙ **设置**，在下方选项区选按 ⏻ **电源**，在菜单中选按 **关机**，就可以关闭计算机系统了。

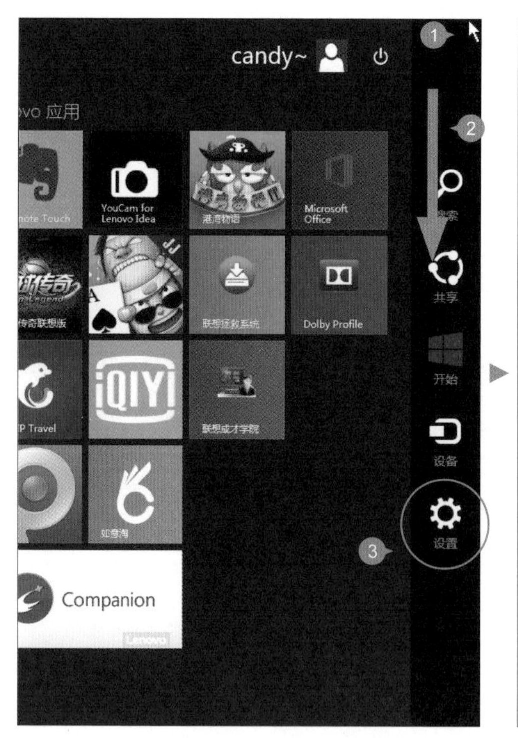

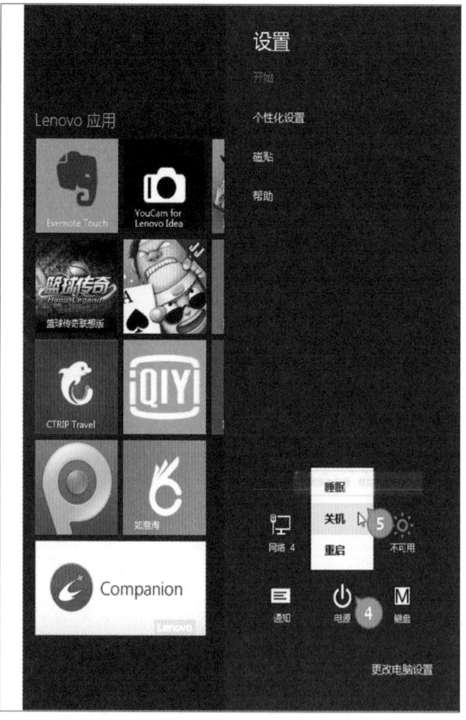

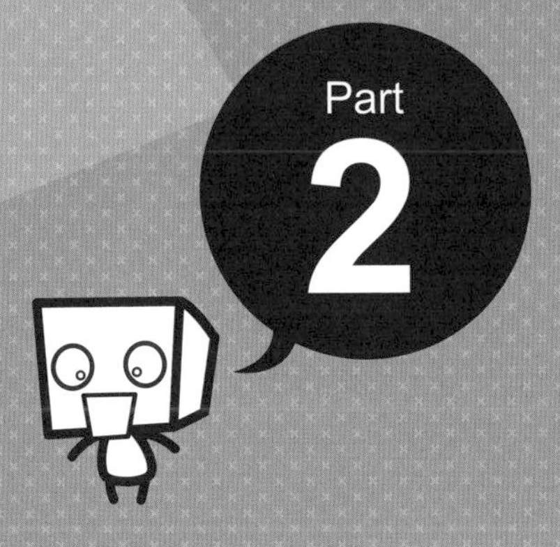

Windows 密技公告

Windows 又称窗口，一般是个人计算机用户一定会用到的系统应用程序，从早期的版本至今，针对人性化及方便性方面，增加了更多更好用的功能，此篇将说明如何善用小技巧及快捷键，让 Windows 操作更加得心应手。

6

快速回到开始界面

窗口操作技巧

Windows 8.1 的 **开始** 界面是执行计算机应用程序或个性化相关设置的主要平台，既然称之为 **开始** 就可以知道此功能具有举足轻重的作用，接下来将介绍的快捷键可以方便用户在任一个应用程序或 **桌面** 界面中操作时，快速回到 **开始** 界面。

招式说明

[Win] = 打开、隐藏 [开始] 界面

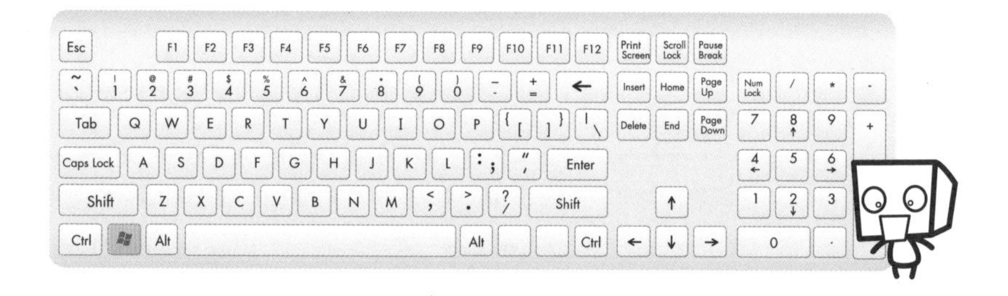

速学流程

在 **桌面** 环境下或任一个应用程序中，按 [Win] 键，即可显示 **开始** 界面。如果要回到刚刚的操作环境，只要再按 [Win] 键即可隐藏 **开始** 界面。

▶

快速显示和隐藏桌面

窗口操作技巧

社交网站的流行，让许多上班族常常流连忘返；特价不停的购物网站，让用户心中的恶魔不禁热血沸腾到老板站在身后都不知道，想摸鱼又怕被抓现行！这招快捷键绝对是必学绝招，不过上班时还是要专注在工作上啊！

招式说明

速学流程

1. 在 **桌面** 环境下打开一些应用程序窗口。
2. 按 + D 组合键，所有窗口会缩到最小化以显示桌面，再按 + D 组合键即可还原所有最小化的窗口。

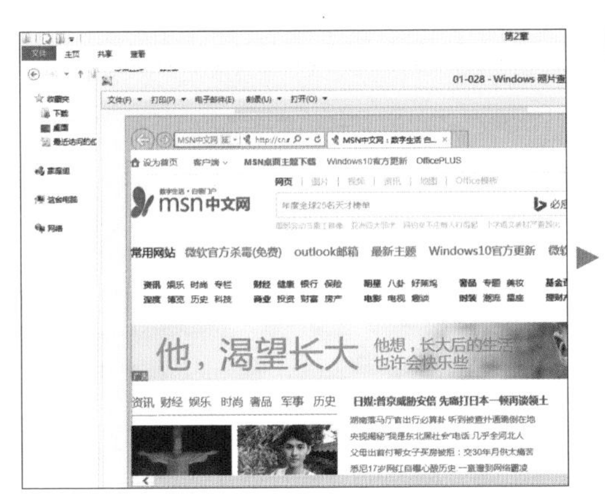

8 将不用的窗口最小化

窗口操作技巧

虽然前面提到如何将全部窗口最小化，若只想最小化其他窗口，但不要将目前使用中的窗口最小化，就可以使用这招来解决问题！

招式说明

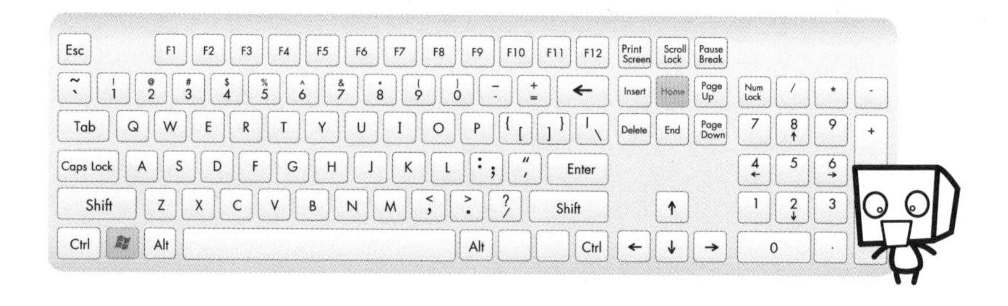

速学流程

1. 在 **桌面** 环境下打开数个应用程序窗口后，选择目前要使用的应用程序窗口（如 Internet Explorer 浏览器）。

2. 按 + Home 组合键，会看到除了 Internet Explorer 浏览器窗口外，其余的应用程序窗口已缩到最小化。

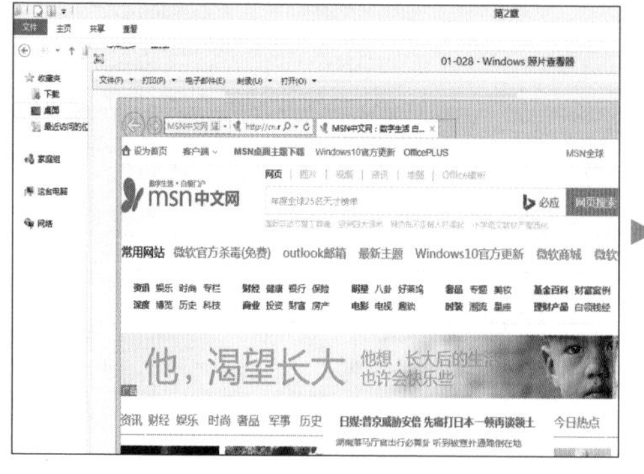

9 摇一摇，将不用的窗口变没

窗口操作技巧

扑克牌魔术中，魔术师将牌在观众面前摇一摇。咦！牌就不见了，现在 Windows 里也可以玩这招啊！只要使用鼠标左键按住要保留的窗口并拖拽摇晃窗口，就可以将其他原本也显示在 **桌面** 中的窗口变没！

招式说明

鼠标左键拖拽、摇晃 = 将界面中暂时不用的窗口最小化

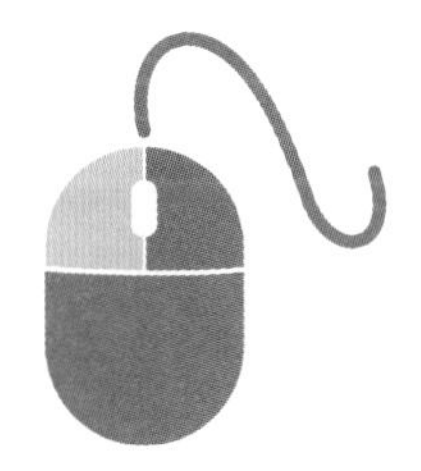

速学流程

1. 在 **桌面** 环境下，打开数个应用程序窗口。
2. 在要使用的应用程序窗口标题栏按住鼠标左键，拖拽并摇晃该窗口几下后，其他非使用中的窗口就会缩到最小化了；再拖拽摇晃一次后，又会重新显示其他窗口。

10 放大窗口内容看得更清楚

窗口操作技巧

Windows 有一个内置的 **放大镜** 功能，可以在浏览网站较小的文字或观看计算机中的文件时，以放大的效果来呈现，是一个非常方便的工具，再也不用眯眼、吃力地看着屏幕了。

招式说明

[Win] + [±] = 打开 [放大镜] 对话框 = 放大显示比例

[Win] + [-] = 缩小显示比例

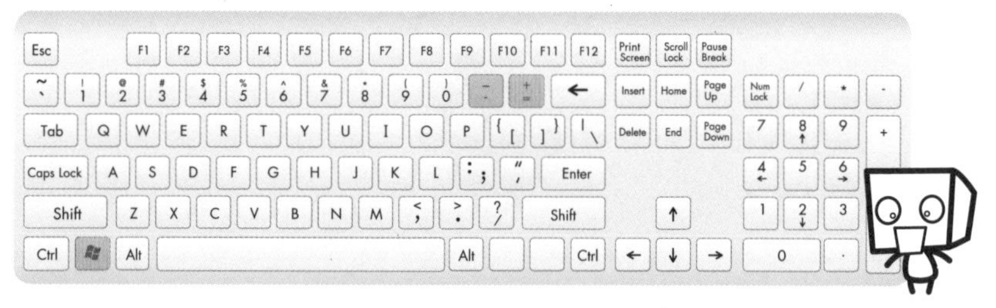

速学流程

1. 在要放大浏览的文件或网页上，按 [Win] + [±] 组合键，就会打开 **放大镜** 对话框，每按一次 [Win] + [±] 组合键可以多放大 100%，最高可放大到 1600%；如果要缩小按 [Win] + [-] 组合键即可。

2. 如果要关闭 **放大镜** 工具，在 **放大镜** 工具上单击，就会再出现 **放大镜** 对话框，这时单击右上角 [×] 按钮就可以关闭 **放大镜** 工具。

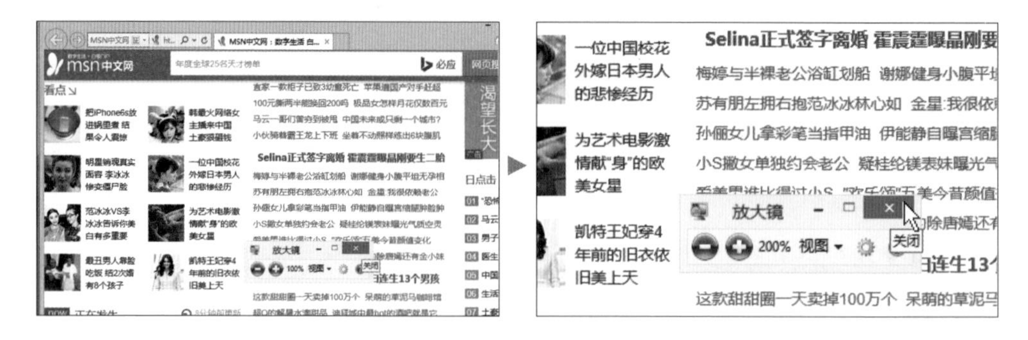

窗口最大化、最小化与还原

窗口操作技巧

窗口状态除了最大化及最小化外，还有一种状态是设置随意大小的尺寸，一般都是使用窗口右上角的控制按钮切换，但是使用快捷键切换可以更灵活地掌握窗口状态。

招式说明

Win + 方向键 = 还原、最大化窗口、最小化窗口、靠右靠左对齐

速学流程

1 在窗口还原状态时（非最大化时），按 Win + ↑ 组合键，即可将窗口最大化，接着在最大化时按 Win + ↓ 组合键就会将窗口还原，再按一次就可以缩到最小化了。

2 除了按上下键可变换窗口状态外，按 Win + ← 组合键，会将窗口显示在屏幕左半部，如果要还原的话按 Win + → 组合键即可，若再按 Win + → 组合键会将窗口显示在屏幕右半部。

12 用键盘微调窗口大小及位置

窗口操作技巧

忽然有一天鼠标坏了怎么办？如何调整或移动一个窗口的尺寸及位置？没关系，有一组快捷键可以打开窗口的快捷菜单，在菜单中就可以执行移动及改变窗口大小的操作。

招式说明

Alt + Space = 打开窗口快捷菜单及功能按键对应字母

速学流程

1. 在此以资源管理器窗口来试试，按 Alt + Space 组合键即可看到窗口左上角出现快捷菜单，接着按 M 键鼠标指针呈 ✥ 时，使用方向键就可以开始移动窗口位置，移至合适位置后按 Enter 键即完成移动窗口的操作。
2. 按 Alt + Space 组合键，若要变更窗口大小按 S 键，同样搭配方向键就可以开始调整窗口大小。若打开窗口快捷菜单后，最小化按 N 键、最大化按 X 键、还原按 R 键即可。

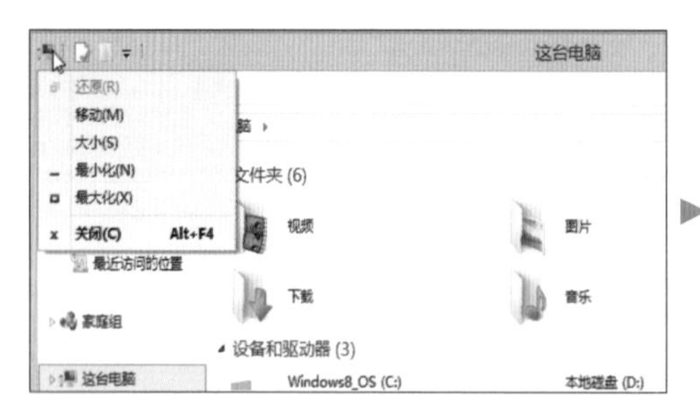

轻松切换工作中的窗口

窗口操作技巧

相信大家都有一种经验，就是打开很多窗口后常常要切换来切换去的，一下子换到 Skype 聊天窗口，一下子又要换到 Internet Explorer 浏览器看看竞标进度，用鼠标切换似乎不是那么方便，用这个快捷键切换可以让工作更加方便！

招式说明

Alt + Esc = 切换活动窗口

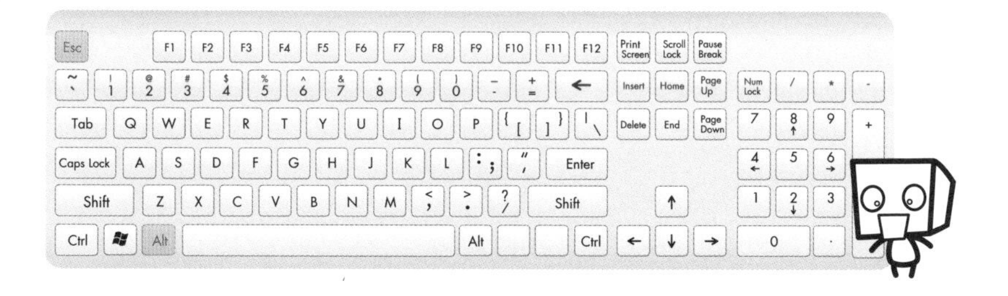

速学流程

1 打开几个示范用的窗口，本范例使用 Word 和 Internet Explorer 浏览器。

2 按住 Alt 键不放，再按 Esc 键，就可以由 Internet Explorer 浏览器切换到 Word，再按 Esc 键就可以再切换回 Internet Explorer 浏览器了，但要注意的是，缩小到最小化的窗口无法通过此快捷键进行切换。

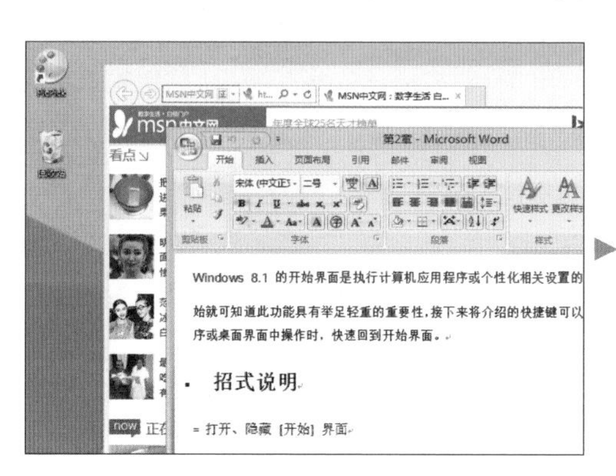

14 切换投影显示模式

窗口操作技巧

使用笔记本电脑进行投影演示时，通常都是利用 Fn 键切换屏幕显示模式，所以笔记本电脑键盘与一般键盘上的差异，大概就是这个 Fn 键了，在一般键盘上使用屏幕切换显示时，没有 Fn 键怎么办？没关系，接下来就给出一种替代方式。

招式说明

Win + P = 切换投影显示模式

速学流程

1. 任何环境下按住 Win 键不放，再按 P 键，即可打开投影切换选项。
2. 在按住 Win 键不放的情况下，重复按 P 键，可切换不同的投影显示模式，选好后松开 Win 键，投影状态就会切换成所选择的模式了。

15 锁定计算机

常用命令技巧

为了不让别人随便查看自己的计算机，锁定计算机是一种可以保护计算机数据的常用方法，碰到需要外出或离开座位时，只要按两个键就能快速锁定计算机，若已经设置密码更能达到保护的效果。

招式说明

[Windows] + [L] = 锁定计算机

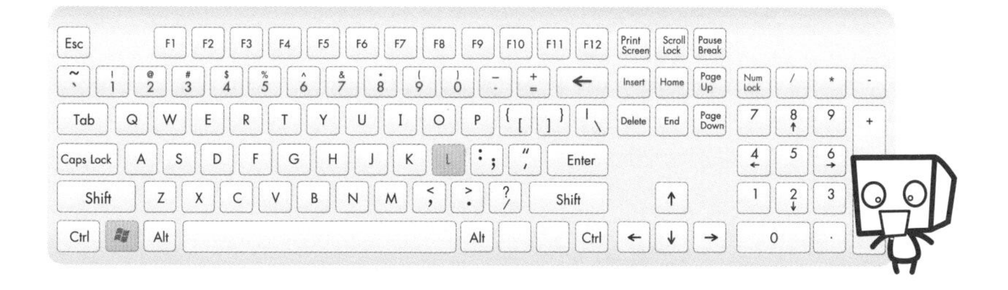

速学流程

1. 任何环境下按 [Windows] + [L] 组合键，稍等一下就会自动进入锁定计算机的画面。
2. 如果要解除锁定，只要按任意键就可以进入登录界面，输入账号、密码（如果已经设置过的话），按 [Enter] 键即可解除锁定状态。

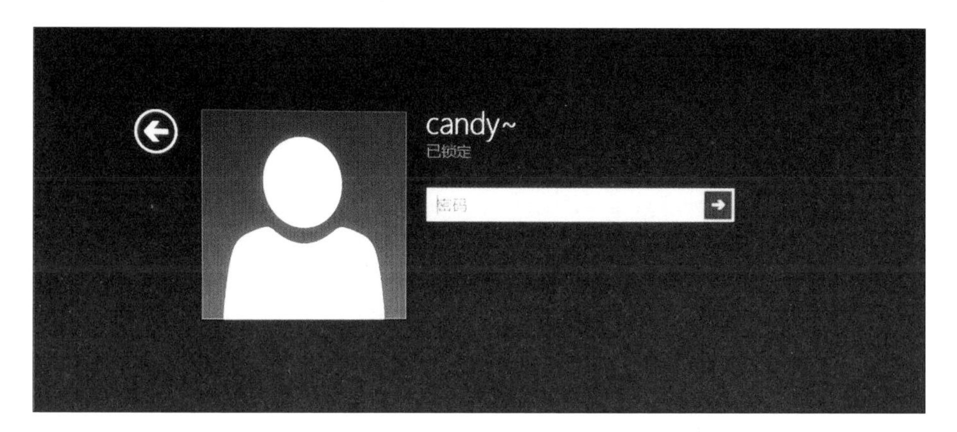

16 快速关闭程序、关机

常用命令技巧

使用资源管理器、记事本或其他附属的应用程序等，在使用完毕后常会习惯性地将应用程序关闭，一般都是单击窗口右上角 **关闭** 按钮，其实运用快捷键就能快速关闭应用程序，也可以快速关机！

招式说明

Alt + F4 = 关闭应用程序、快速关机

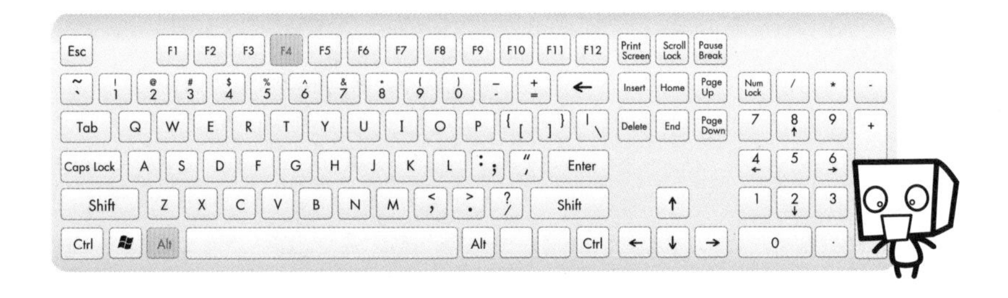

速学流程

1 快捷键适用任何在 Windows 上执行的应用程序，以资源管理器为示范，按 Alt + F4 组合键，就可以马上关闭资源管理器。

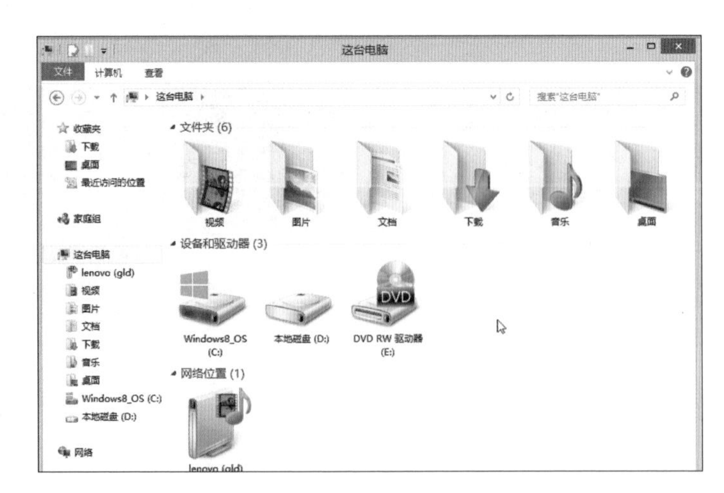

2 如果要关闭的是可进行编辑文件类的应用程序，若有尚未保存的文件，则会出现对话框询问是否保存。

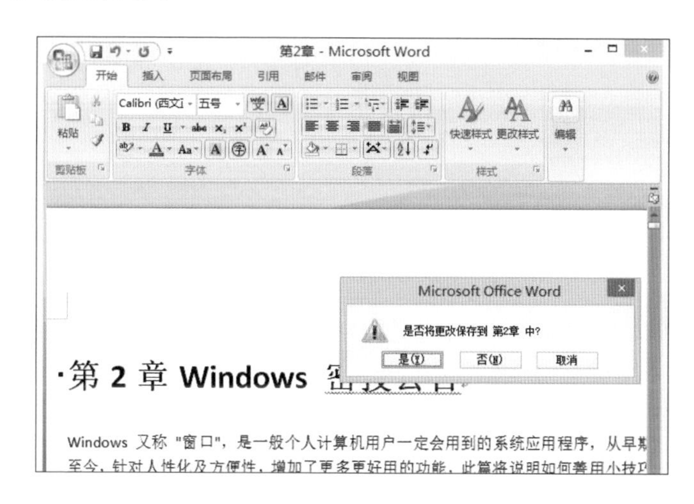

3 Windows 8.1 正常的关机流程是将鼠标指针移至界面右下角打开侧边栏，接着再选按 **设置 > 电源 > 关机** ，逐一关闭所有后台程序后才完成关机操作。若按 Alt + F4 组合键可进行快速关机，但执行前记得先将所有应用程序关闭并显示桌面状态。

4 确认要快速关机，按下 Alt + F4 组合键后，出现 **关闭 Windows** 对话框，在下拉列表中可选择要执行的操作，默认选项是 **关机**，单击 **确定** 按钮即可关闭计算机。

17 抓取整个屏幕画面

常用命令技巧

制作文件报告或幻灯片时，常会运用到一些网站页面或应用程序窗口来辅助说明，但是不可能把整个网页数据都复制下来，用相机拍屏幕又太麻烦，其实只要运用键盘上内置的抓取画面的按键，轻轻松松一按就可以完全搞定。

招式说明

Print Screen = 抓取整个屏幕画面

速学流程

1 先将要抓取的桌面与相关界面准备好，接着按 Print Screen 键，就能抓取整个屏幕画面。

2 打开 Word 应用程序，按 Ctrl + V 组合键，就可以贴上刚刚抓取的画面。

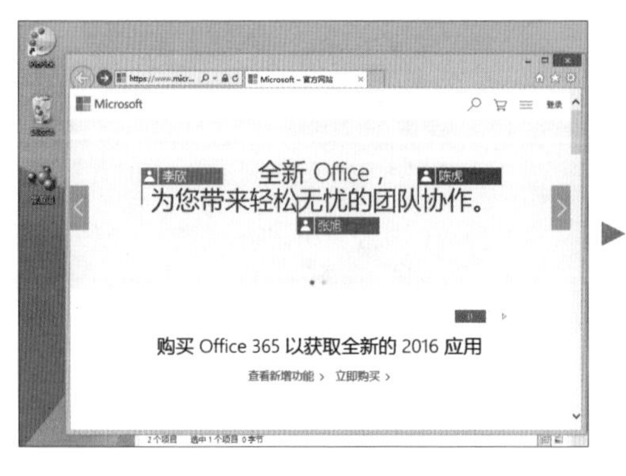

18 抓取使用中的窗口画面

常用命令技巧

前面说明了抓取整个屏幕画面的方法，但有时只想抓取使用中的窗口，只要先调整窗口的大小后，按下这组快捷键就可以单独抓取使用中的窗口画面。

招式说明

Alt + Print Screen = 抓取使用中的窗口画面

速学流程

1. 利用 Internet Explorer 浏览器来示范，设定要抓取的窗口并调整成适当的窗口大小，按 Alt + Print Screen 组合键，即可将该窗口抓取。

2. 打开 Word 应用程序，按 Ctrl + V 组合键，就可以粘贴上刚刚抓取的画面。

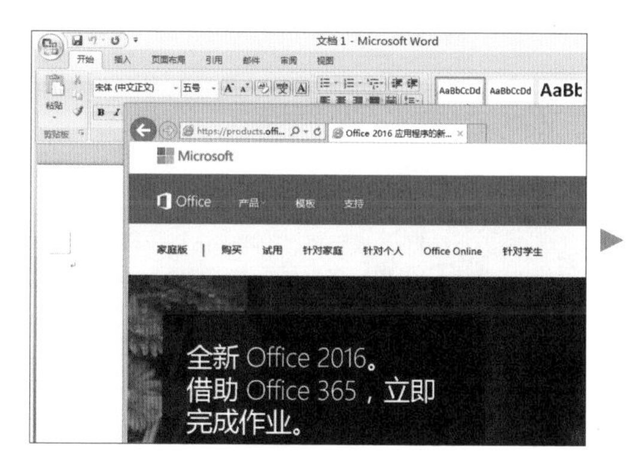

19 在打开的应用程序之间切换

常用命令技巧

应用 Alt + Esc 组合键切换窗口虽然方便，可惜对于已缩小到最小化的窗口是不起作用的，以下将介绍另一组快捷键，只要是已打开的应用程序，不管是缩到最小化的窗口还是正在运行的窗口都可以切换！

招式说明

Alt + Tab = 切换已打开的程序

速学流程

1. 按住 Alt 键不放，再按 Tab 键，界面就会出现一个小窗口。
2. 在小窗口中会显示目前所有打开的应用程序图标，在按住 Alt 键不放的情况下，重复按 Tab 键即可切换图标，选定后松开所有按键，即可切换至该应用程序窗口。

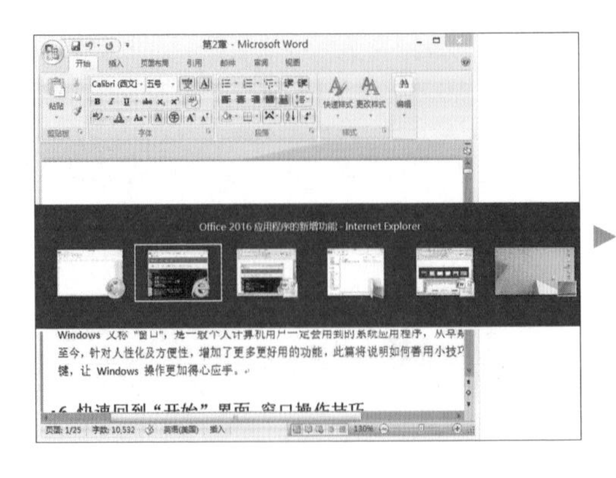

快速打开任务栏上锁定的应用程序

常用命令技巧

通常都会习惯把常用的应用程序锁定在任务栏上，在每次打开计算机后，直接选按图标就可以打开该应用程序，利用这组快捷键可以更简单、轻松地打开任务栏上的应用程序。

招式说明

+ 数字键 = 打开任务栏上的应用程序

速学流程

1. 在任务栏上锁定几个最常用的应用程序，如下图锁定了 8 个应用程序。
2. 此范例中，按住 键不放，按 3 键就可以打开任务栏上从左侧算来排第三顺位的 Internet Explorer 浏览器，依此类推，打开资源管理器就是按 4 键……按 **+ 数字键** 可以快速切换任务栏上的应用程序，不过只适用 10 个以内的应用程序（如果选按的应用程序已打开，则会变成切换窗口的操作）。

21 打开任务管理器操控更多资源

常用命令技巧

Windows **任务管理器** 可以用来启动程序或结束处理程序，还可以了解目前启动了哪些服务，并随时监视计算机性能的基本信息以及网络联机状态与用户登录信息，通过这些高级操作能进一步了解计算机的使用状态。

招式说明

Ctrl + Shift + Esc = 打开任务管理器

速学流程

1 任何环境下按 Ctrl + Shift + Esc 组合键，都可以打开 Windows 任务管理器，在对话框单击 **详细信息** ，即可显示更详细的信息。

2 在各选项卡中可单击要执行的命令，例如要监视计算机的性能表现，单击 **性能** 选项卡即可一清二楚地看到所有信息。

多人共用一台计算机快速切换

常用命令技巧

同一台计算机供两人以上使用时，大多会用不同的用户账号来区分登录，一般来说都是在 **开始** 界面中通过右上角的用户图片切换登录用户或注销，也可以利用简单的快捷键轻松地切换登录的用户。

招式说明

Ctrl + Alt + Delete = 打开切换用户界面

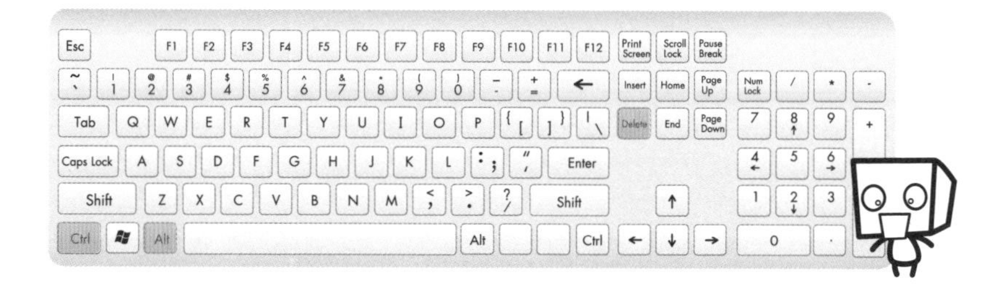

速学流程

1. 在任何环境下按 Ctrl + Alt + Delete 组合键，Windows 即会显示如下界面。
2. 单击 **切换用户** ，在列表中再单击要进行登录的用户名称，这样即完成用户切换的操作。

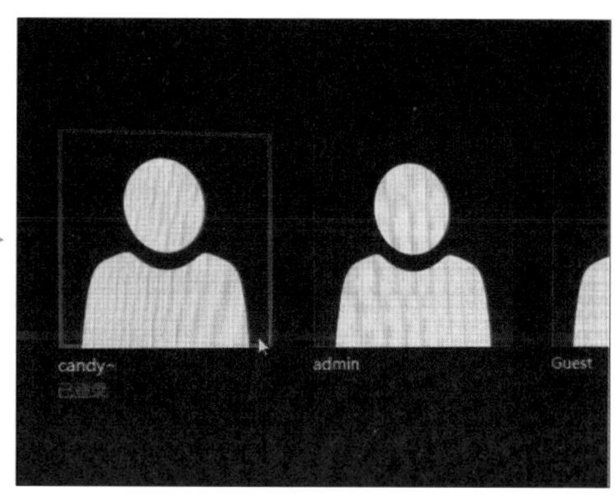

23 重复打开相同的应用程序

常用命令技巧

在操作 Word、Excel 或资源管理器这些应用程序时，不管是移动文件内容或复制大量文件，最常用的就是打开两个以上的窗口提高工作效率，这里说明如何利用按键配合鼠标左键，重复打开相同的应用程序。

招式说明

Shift + 鼠标左键 = 再次打开相同的应用程序

速学流程

1. 打开一个应用程序（以资源管理器为范例），可以在任务栏上看到该应用程序的图标按钮。

2. 按住 Shift 键不放，将鼠标指针移至任务栏的资源管理器图标上单击，就会再打开另一个资源管理器窗口（此技巧适用于绝大部分可以重复启动的应用程序）。

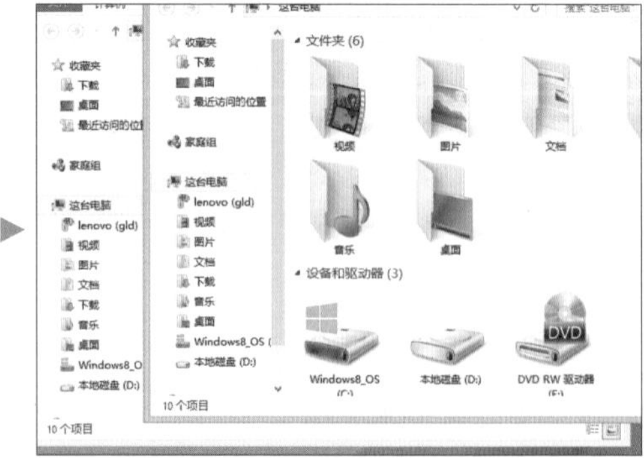

打开常用侧边栏

常用命令技巧

Windows 8.1 右侧的侧边栏用于放置一些常用的功能，例如 **搜索**、**共享**、**设置** 等，只要将鼠标指针移至界面右上角或右下角，即会出现侧边栏，也可以利用快捷键打开侧边栏。

招式说明

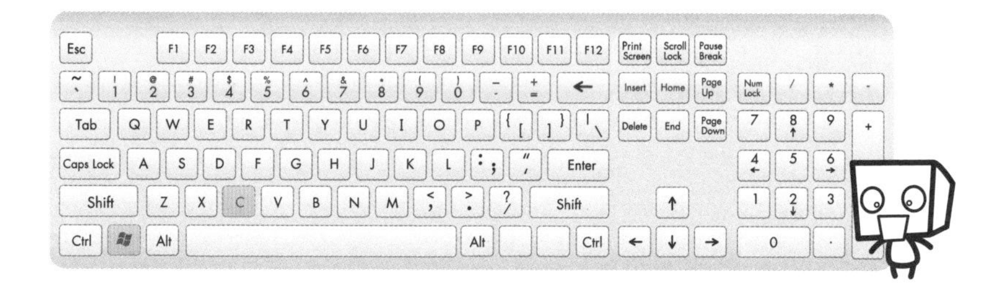

速学流程

1. 任何环境下按 ⊞ + C 组合键，即会打开界面右侧的常用侧边栏。
2. 在侧边栏再选按想执行的操作，例如要搜索文件时，选按 **搜索** 项即可。

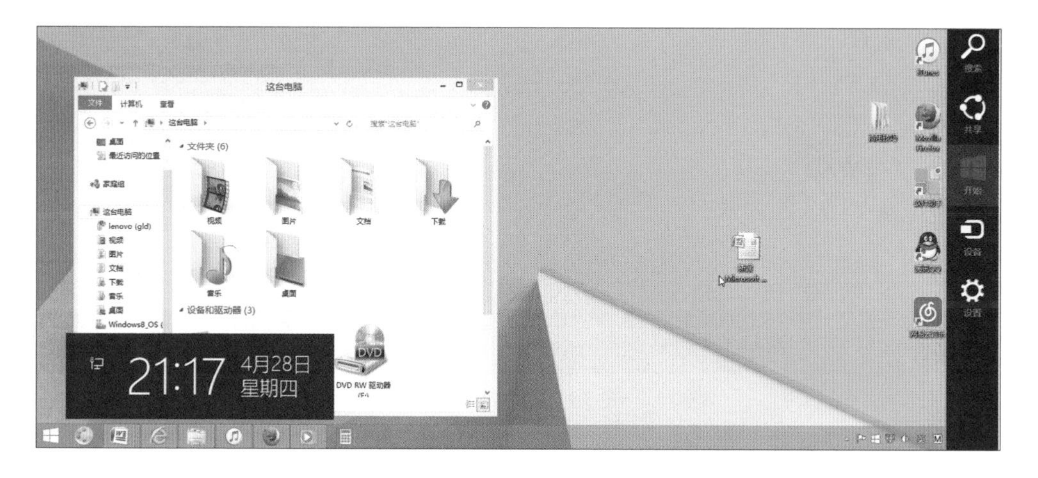

25 打开设置侧边栏

常用命令技巧

设置 侧边栏中包含 **控制面板**、**个性化**、**网络**等设置功能，调整喇叭 / 耳机音量的功能也在其中，利用快捷键快速打开 **设置** 侧边栏，调整到适合的音量，让耳朵不至于因为声音过小而听不清楚。

招式说明

Windows键 + I = 打开 [设置] 侧边栏

速学流程

1. 任何环境下按 Windows键 + I 组合键，即会打开 **设置** 侧边栏，**设置** 侧边栏中包含控制面板、个性化、网络等设置功能，这个范例选按 **音量** 项。
2. 接着会显示滑杆，利用鼠标上下拖拽即可调整喇叭 / 耳机的音量。

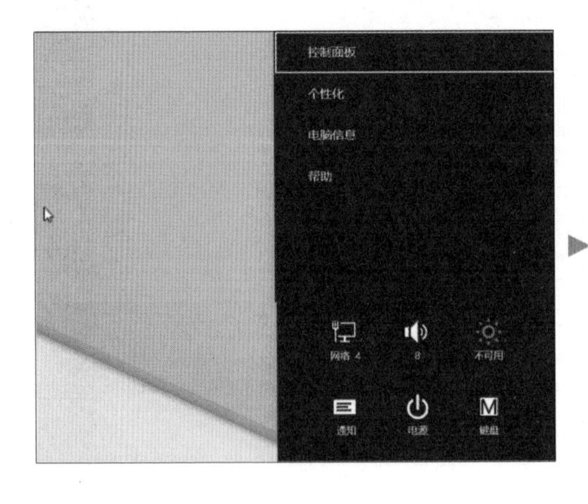

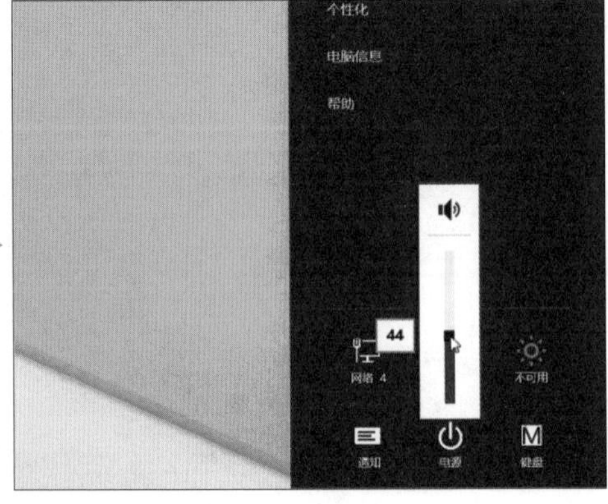

26 搜索文件、网络资源与应用程序

常用命令技巧

如果想搜索计算机中或网络上的文件、资料与信息，以及系统内各种设置的平台等，而不是只局限在资源管理器中进行时，可以通过这组快捷键打开 **搜索** 侧边栏达到全面搜索的目的。

招式说明

[Win] + [F] = 打开 [搜索] 侧边栏

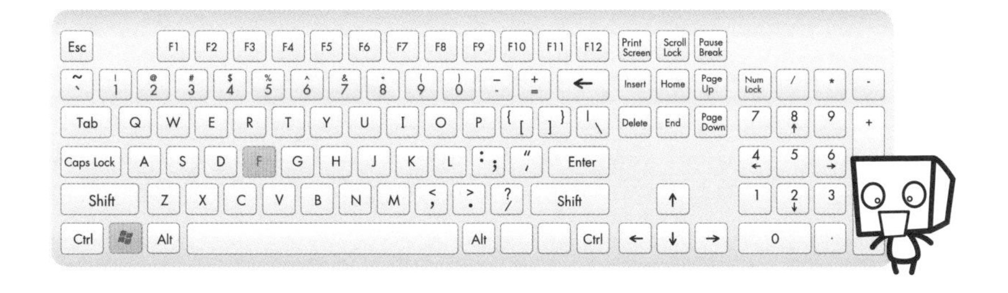

速学流程

1. 任何环境下按 [Win] + [F] 组合键，会打开 **搜索** 侧边栏。
2. 单击 **文件** 项右侧的下拉按钮，可指定搜索 **所有位置**、**设置**、**文件**、**Web 图像** 或 **Web 视频**，这里指定为 **所有位置**，接着在字段框中输入关键词，即会开始搜索并显示结果列表，再选按正确的项即可（**所有位置** 项包含已安装的应用程序以及列表中所列的项目）。

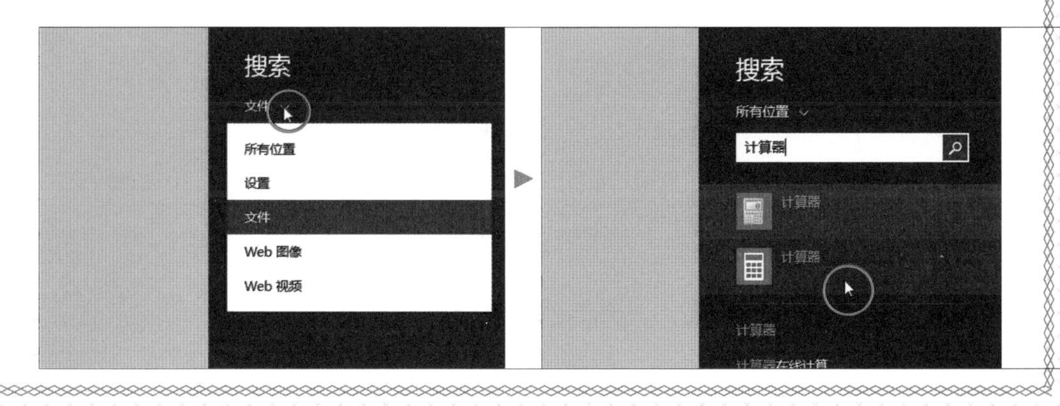

Windows 密技公告

随时取得微软的技术支持

常用命令技巧

如果在 Windows 操作上有问题时，回到桌面后再按 F1 键就可以打开帮助文件寻求解答，但每次都要回到桌面才能打开帮助文件也很麻烦，其实只要再搭配一个键就可以在任何情况下打开 Windows 帮助文件。

招式说明

速学流程

1. 任何环境下按 Win + F1 组合键，即会打开 **Windows 帮助和支持** 窗口。
2. 接着可以在 **搜索** 字段中输入要询问的问题，按 Enter 键就会开始搜索帮助与解答。

28 打开资源管理器

资源管理器操作技巧

如果问您最常执行的计算机应用程序是什么？相信一定是资源管理器，它可以管理计算机里所有的文件或文件夹，如果有快捷键的话，在执行计算机操作上会更得心应手。

招式说明

[Windows] + [E] = 打开 [资源管理器]

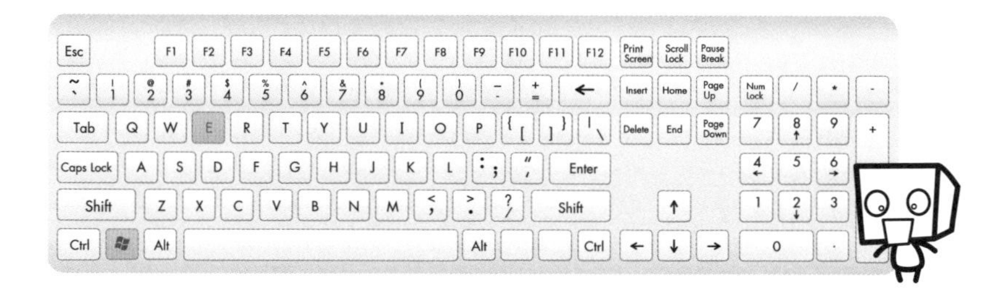

速学流程

不论是在 **桌面** 或正在执行其他应用程序时，只要按 [Windows] + [E] 组合键，就可以立即打开 **资源管理器** 窗口，再依需求浏览文件。

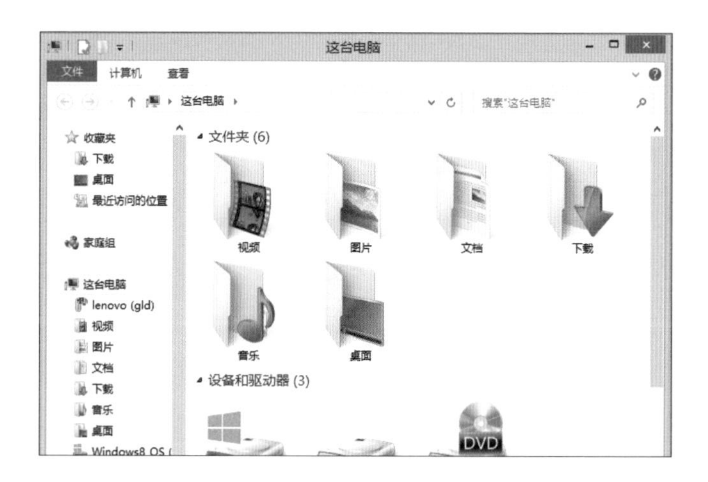

29 查询文件大小、所在路径等信息内容

资源管理器操作技巧

如何知道现在所选取的文件夹有多大容量？如何单独共享文件夹的内容？如何变更文件属性？答案就是打开文件的 **属性** 对话框，可以设置或获知文件夹下包含多少子文件夹、多少文件数及其容量。

招式说明

Alt + Enter = 打开文件 [属性] 对话框

速学流程

1 打开资源管理器，先选取任一文件夹。

2 按 Alt + Enter 组合键，就会打开该文件夹的 **属性** 对话框，可以显示所选取文件夹的详细资料，并可以使用选项卡来设置 **共享**、**安全** 及 **自定义** 功能。

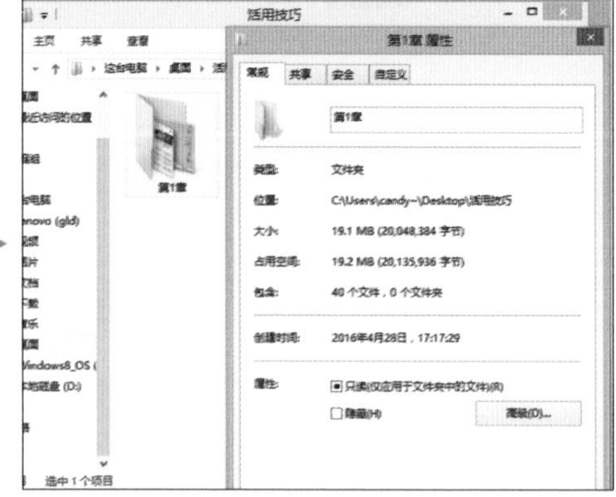

变换资源管理器界面的查看方式

资源管理器操作技巧

使用资源管理器查看文件时，有些人习惯以 **详细信息** 模式浏览，有些人则喜欢用**大图标**、**中等图标**、**列表**、**平铺** 或 **内容**等模式浏览，除了可以在 **查看** 菜单中设定查看方式外，通过快捷键与鼠标配合可以更简单地改变查看方式。

招式说明

Ctrl + 鼠标滚轮 = 变更 [资源管理器] 查看方式

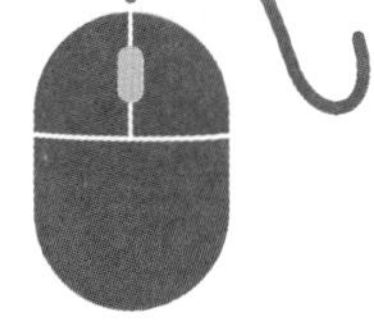

速学流程

1. 打开资源管理器，先选取要进行查看的文件夹或文件。
2. 按住 Ctrl 键不放，上下滚动鼠标滚轮就可以立即变更查看方式。

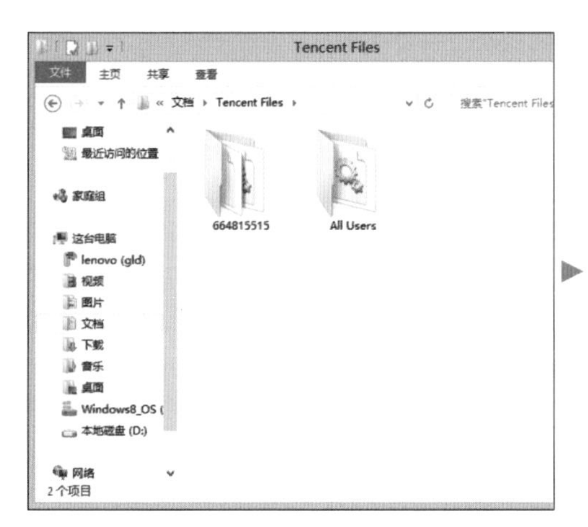

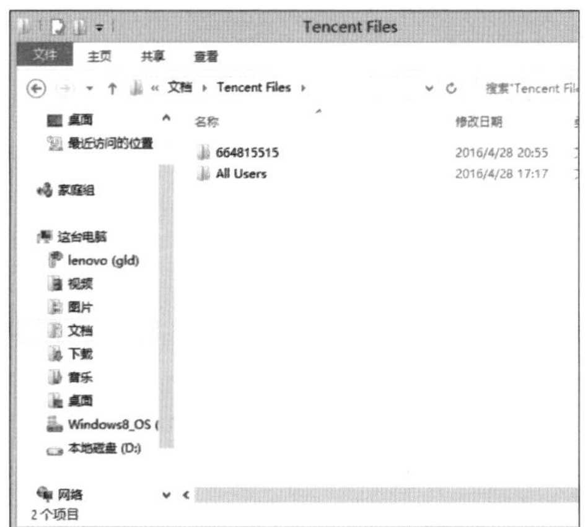

31 简单删除文件或文件夹

资源管理器操作技巧

使用资源管理器整理文件时，常需要删除一些暂存盘或已经用不到的文件，通过点击鼠标右键再在快捷菜单选按 **删除** 后才能删掉该文件真的很不方便，现在只要按一个键就搞定了！

招式说明

Delete = 删除文件或文件夹

速学流程

1. 打开资源管理器，先选取欲删除的文件或文件夹，接着按 Delete 键。
2. 此时可将文件或文件夹移到回收站（Windows 8 中不提醒就直接删除，所以请务必确定后再按 Delete 键，删除后的文件或文件夹会移到回收站中）。

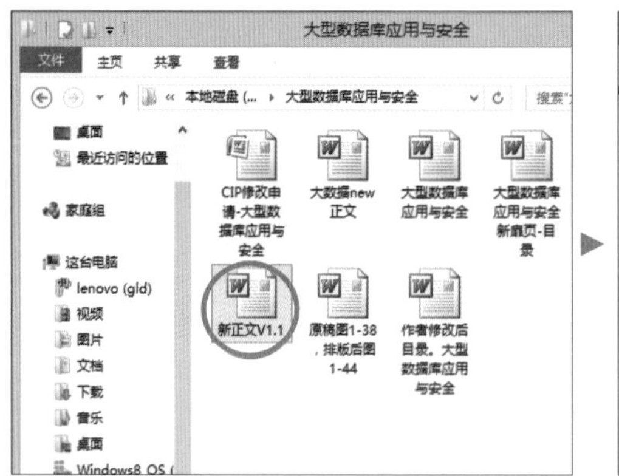

32 永久删除文件或文件夹

资源管理器操作技巧

一般来说，按 Delete 键删除的文件都会移到回收站中，直到清理回收站后才会永久删除文件，如果想直接永久删除文件或文件夹不必再丢到回收站，只要学会这一招，嗖的一下就让文件永远不见了。

招式说明

Shift + Delete = 永久删除文件

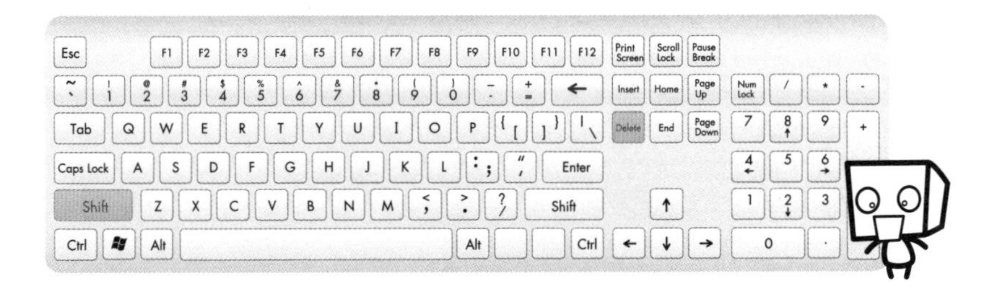

速学流程

1. 打开资源管理器，先选取欲删除的文件或文件夹，接着按 Shift + Delete 组合键。
2. 弹出一个警告对话框，单击 **是** 按钮即完成永久删除的操作。

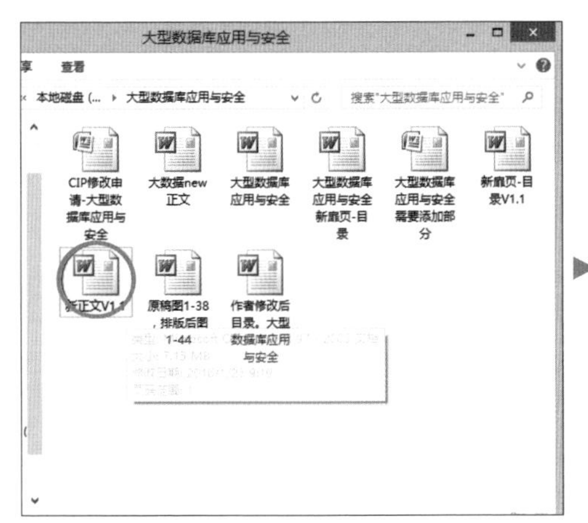

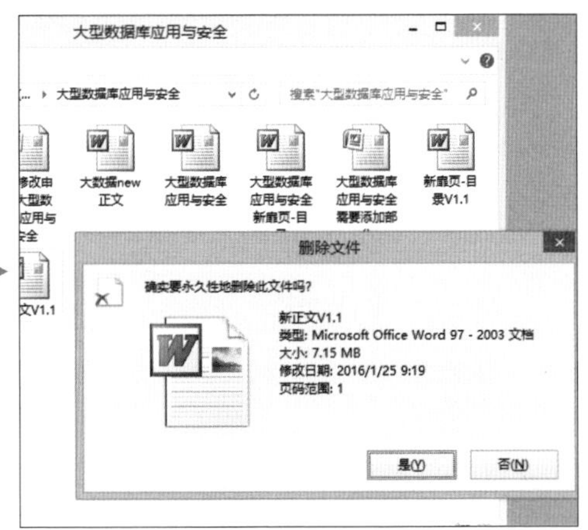

33 文件、文件夹重命名

资源管理器操作技巧

计算机使用久了，不管是下载或复制来的文件，要是一开始没有合适的文件名，等到一段时间后常常就会忘了这个是什么文件，所以要养成规划文件名的好习惯。

招式说明

F2 = 文件、文件夹快速重命名

速学流程

1. 打开资源管理器，先选取欲重命名的文件或文件夹，接着按 F2 键。
2. 文件名会自动呈现选取状态，输入要更改的名称后，按 Enter 键即完成了重命名的操作。

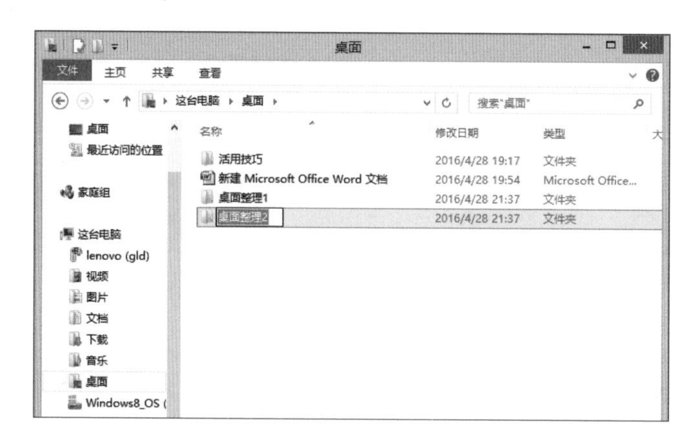

从一堆文件里快速找到想要的数据

资源管理器操作技巧

同事忽然来索要好几个月前的会议记录文件，可是只记得文件名，却怎么也想不起文件存放在哪里，这时可以进入资源管理器，利用右上角的 **搜索** 字段，找到遗忘的文件。

招式说明

F3 = 在 [资源管理器] 中搜索文件或图片

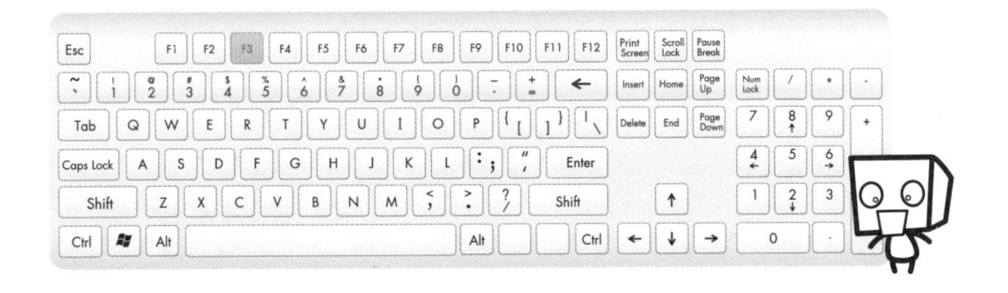

速学流程

1 打开资源管理器，选择要搜索的磁盘区域文件夹，按 F3 键，会在窗口右上角 **搜索** 字段中出现输入光标。

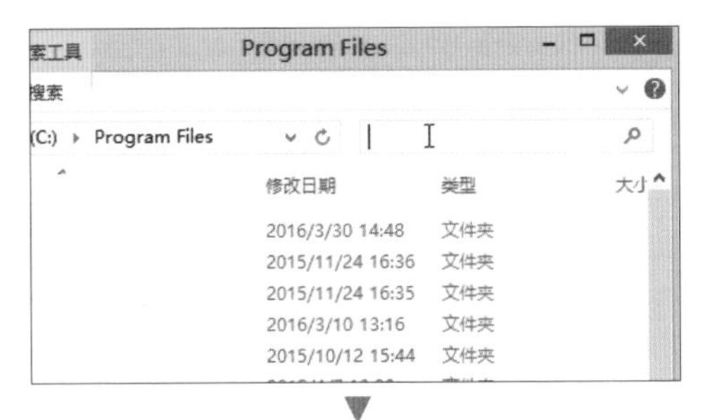

2 输入文件名关键词后，计算机会开始在该路径下搜索相关的文件或文件夹，输入的文件名越详细，精确度也就越高，如果连文件后缀名也输入的话，就是一对一比对了。

35 连续选取文件

资源管理器操作技巧

复制或移动文件、文件夹时，还是一个一个选取后复制或移动吗？这样既没效率又浪费时间！如果要一次选取多个文件而不必用鼠标拖拽选取，也有更快的方法。

招式说明

Shift + 鼠标左键 = 在 [资源管理器] 中连续选取文件

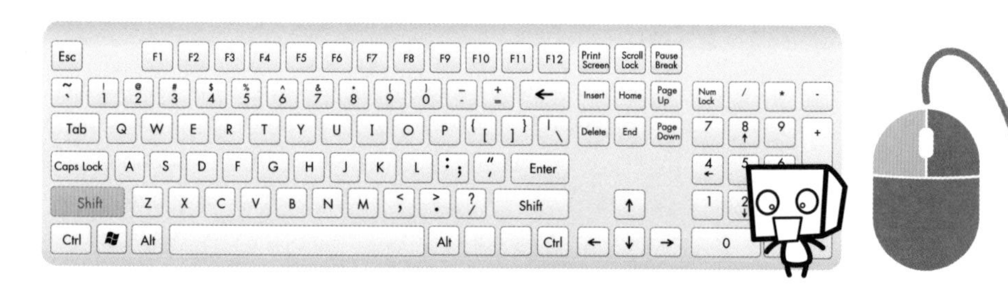

速学流程

1. 打开资源管理器，先使用鼠标单击要选取的第一个文件。
2. 按住 Shift 键不放，在最后一个要选取的文件上单击，即可将这两个文件之间的文件全部选取，接着可以执行整批复制、移动或删除的操作。

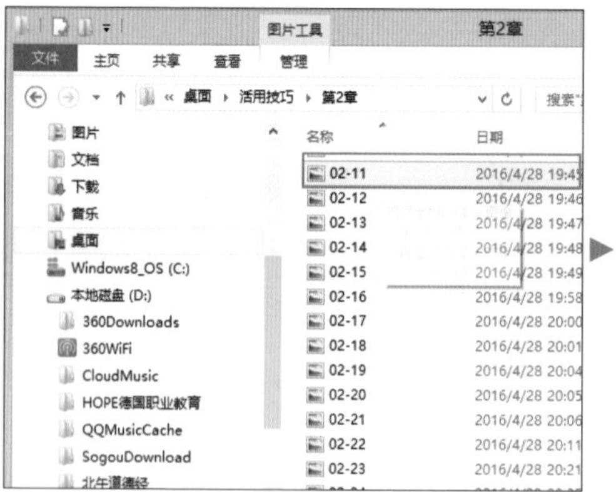

36 不连续选取文件

资源管理器操作技巧

前面的用法是一次选取连续的多个文件，但碰到不连续或想要跳着选取不同的文件时，就要换个方式了。

招式说明

Ctrl + 鼠标左键 = 在 [资源管理器] 中不连续选取文件

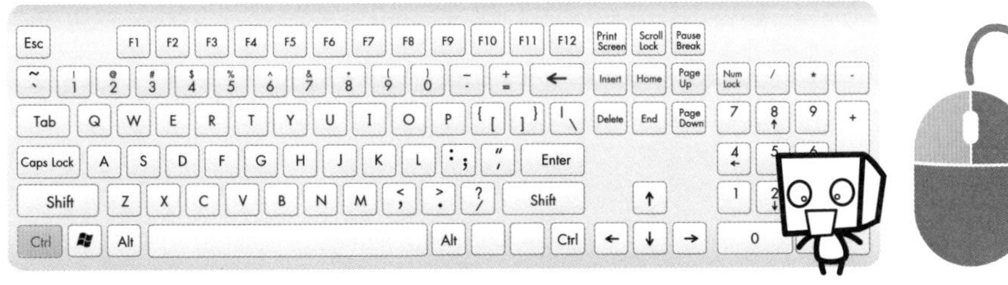

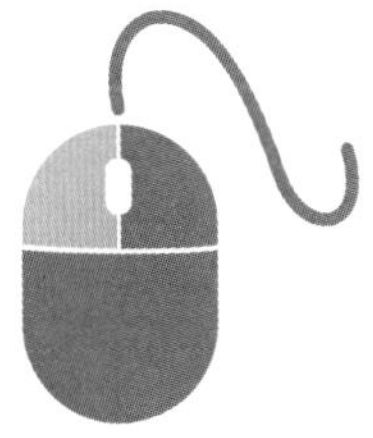

速学流程

1. 打开资源管理器，先单击第一个要选取的文件。
2. 按住 Ctrl 键不放，再利用鼠标左键一一单击想要选取的文件即可。

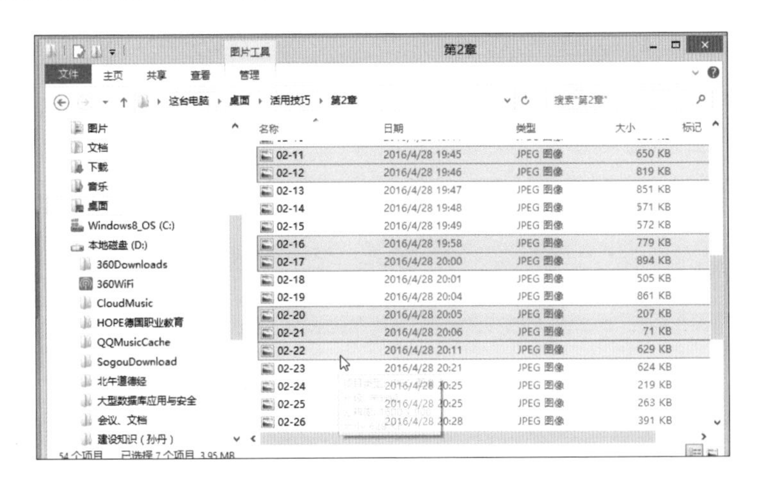

37 选取全部文件

资源管理器操作技巧

当文件数量超过好几百个，甚至是一千个以上时，这时就算使用按住 Shift 键不放的方法选取文件也非常不方便，光是拉动滚动条从最顶端到最底端就要花费很多时间，若是要选取大量的文件时，就可以利用本技巧了！

招式说明

Ctrl + A = 在 [资源管理器] 中选取全部文件

速学流程

1 打开资源管理器，进入要选取的路径下。

2 接着按 Ctrl + A 组合键，就可以选取全部文件了。

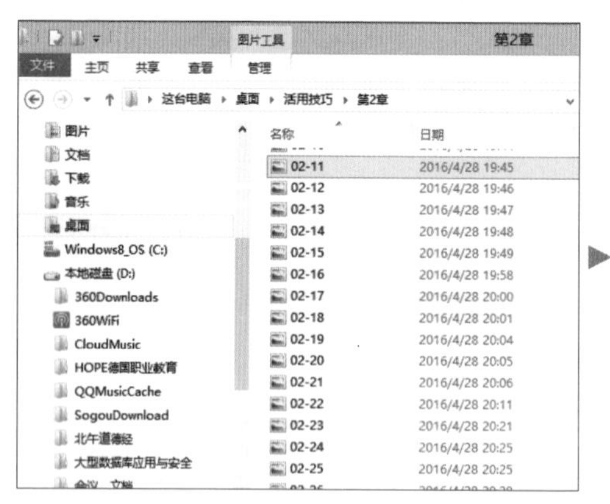

38 轻松复制文件

资源管理器操作技巧

学会了各种选取文件的方法后，接着就开始执行相关操作，最先想到的就是复制文件，除了使用基本菜单中的命令外，复制文件到目标文件夹中粘贴也可以使用快捷键来操作呢！

招式说明

Ctrl + C = 在［资源管理器］中复制文件

Ctrl + V = 在［资源管理器］中粘贴文件

速学流程

1. 选取好欲复制的文件后，按 Ctrl + C 组合键进行复制。
2. 接着打开目标文件夹后，按 Ctrl + V 组合键，文件就开始进行粘贴了！

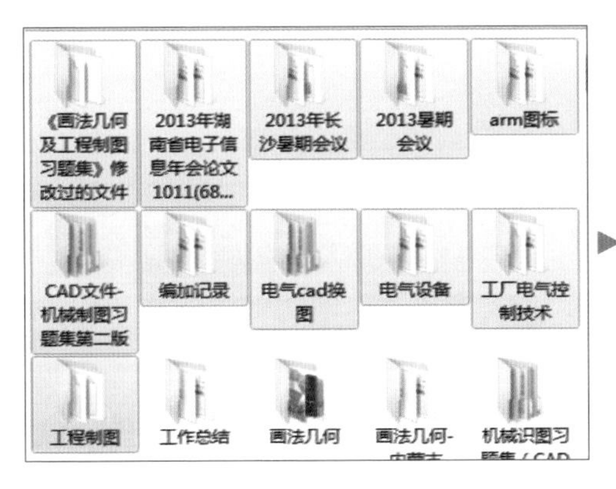

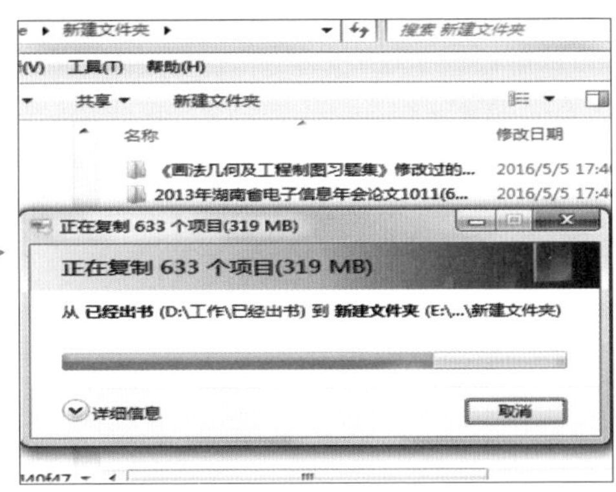

39 轻松移动文件

资源管理器操作技巧

整理文件资料时一定会用到的操作，除了复制文件外，还有移动文件，依照类别将各个文件移动到所属的文件夹，逐一完成文件移动的操作。

招式说明

Ctrl + X = 在 [资源管理器] 中剪切文件

Ctrl + V = 在 [资源管理器] 中粘贴文件

速学流程

1. 打开资源管理器，选取欲剪切移动的文件后，按 Ctrl + X 组合键进行剪切。
2. 打开目标文件夹后，按 Ctrl + V 组合键粘贴，就可以看到文件开始进行移动的操作了。

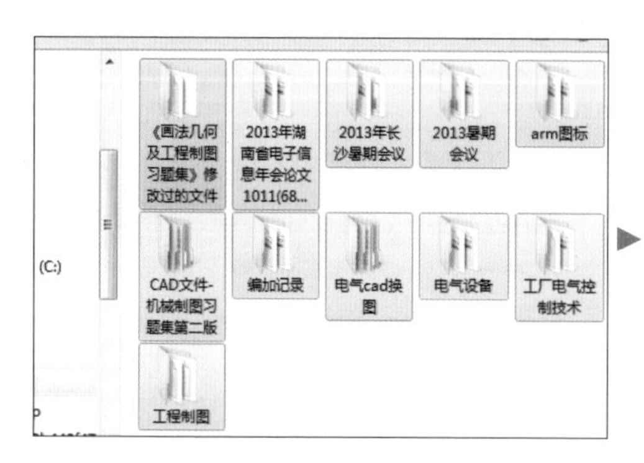

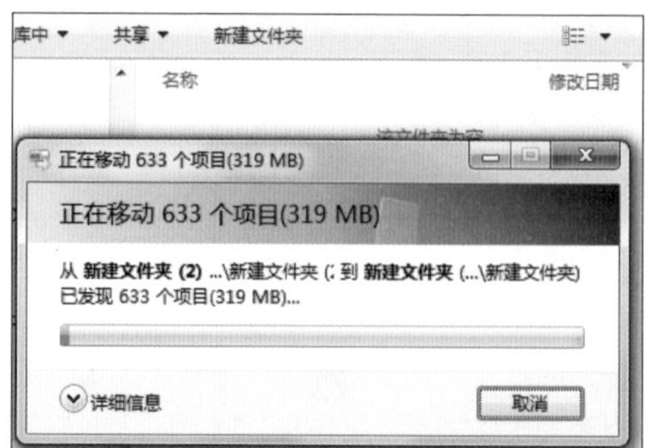

快速复制文件

资源管理器操作技巧

有没有比 Ctrl + C 组合键、Ctrl + V 组合键更快的复制操作呢？只要利用以下的快捷键与鼠标左键拖拽瞬间就能完成复制操作了。

招式说明

Ctrl + 鼠标左键 + 拖拽 = 在 [资源管理器] 中复制文件

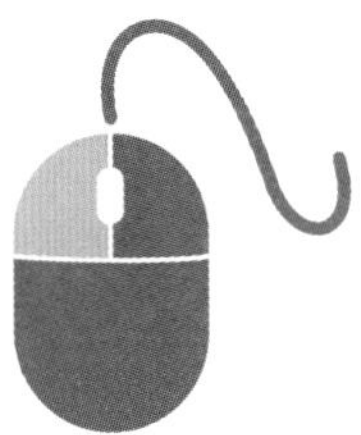

速学流程

1. 打开资源管理器，先选取欲复制的文件（一个或多个均可）。
2. 按住 Ctrl 键不放，再按住鼠标左键不放拖拽要进行复制的文件至目标文件夹或磁盘后松开，就完成复制操作了。

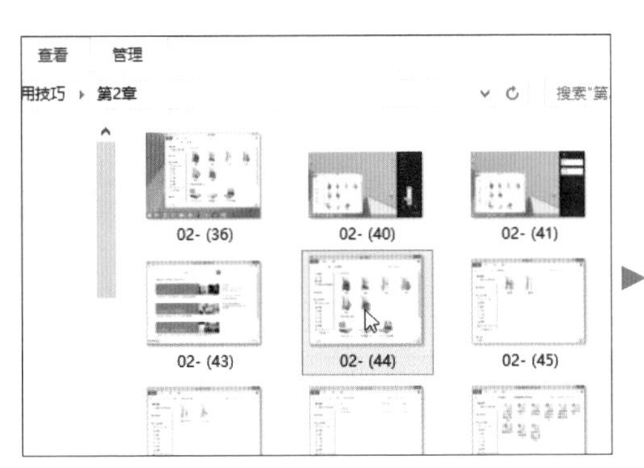

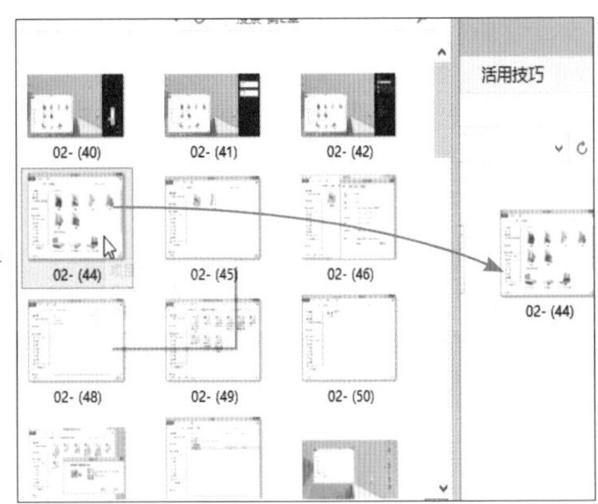

41 显示完整的文件夹路径

资源管理器操作技巧

在 Windows 7 之后，资源管理器中有些路径会以中文名称来代替实际路径的英文名称，不过如果想看到完整的路径，只要按一个按键就可以显示原本完整的路径。

招式说明

F4 = 在 [资源管理器] 中显示完整的文件夹路径

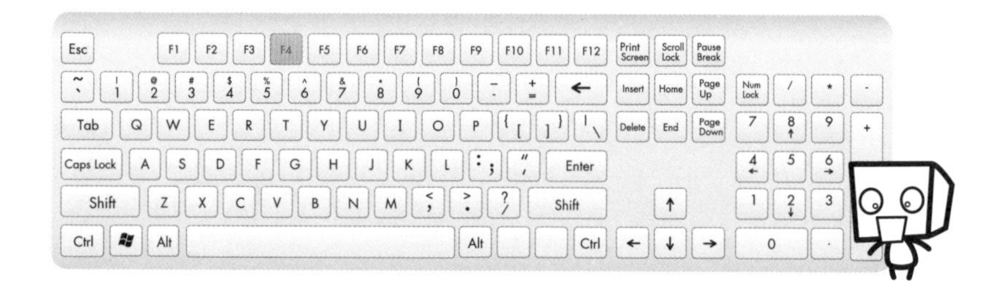

速学流程

1. 一般正常情况下，在资源管理器上方的地址栏中，会以中文名称的方式显示路径，如右图所示。

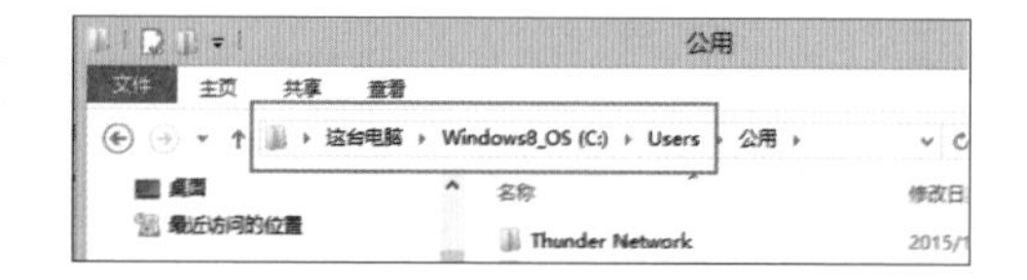

2. 按 F4 键，地址栏会以实际路径的英文名称显示，并出现之前使用过的地址列表供选择（这里是以用户的公用文件夹为示范内容，显示的路径为 C:\Users\Public）。

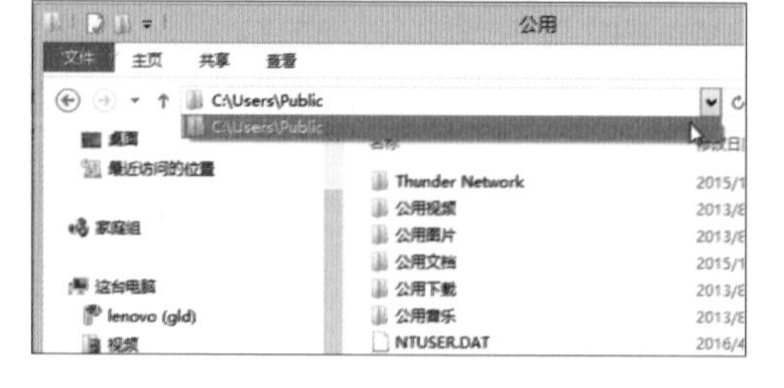

（在资源管理器预设的 < 下载 >< 文件 >< 音乐 >< 桌面 >< 图片 >< 视频 > 文件夹中，必须选按进入所属的子文件夹中，才可以通过 F4 键显示完整的文件夹路径。）

显示资源管理器功能区并执行命令

资源管理器操作技巧

Windows 8 不同于以往的窗口界面，现在的界面越做越精简、好看，甚至连功能区都没有了？其实只是被隐藏起来而已，并不是把功能区取消，利用快捷键就可以呼叫它出现。

招式说明

Alt = 显示 [资源管理器] 功能区按键对应字母

Ctrl + F1 = 展开 [资源管理器] 功能区

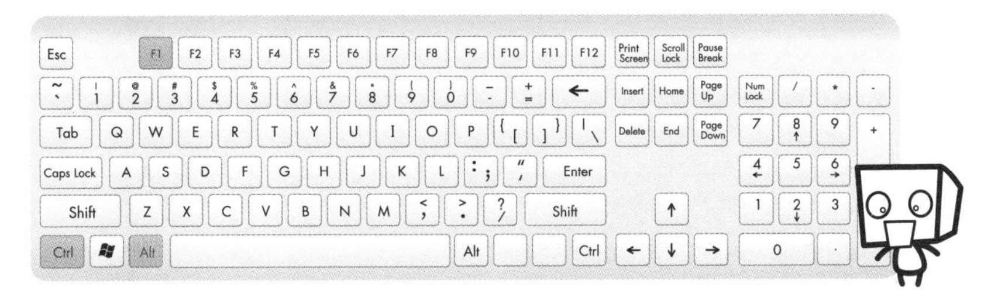

速学流程

1. 打开资源管理器，若没有出现功能区，按 Alt 键就可以看到显示的功能列表，接着可以依功能区上中文选项名称和右侧的按键提示字母，选按想执行的命令，如要执行 **新建文件夹** 操作，先按 H 键打开 **主页** 选项卡，再按 N 键即可。

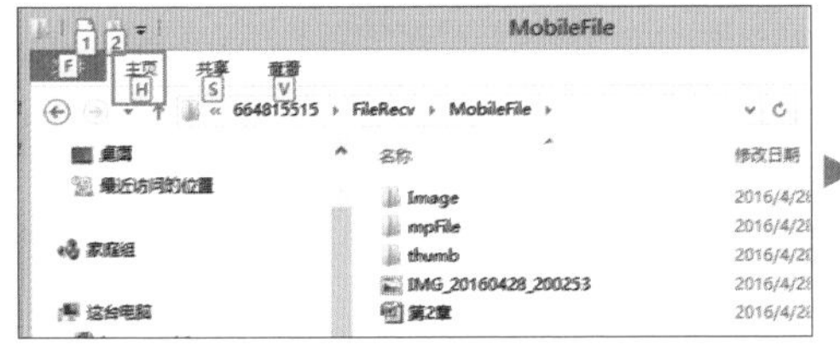

2. 默认情况下功能区是隐藏的，如果需要展开使其长驻于资源管理器窗口上方时，可以按 Ctrl + F1 键，反之，再按 Ctrl + F1 键即可隐藏。

43 切换窗格及选项

资源管理器操作技巧

看似不重要的 Tab 键其实是计算机用户经常使用的一个按键，它既是在文本编辑时变更插入点位置的快捷键，又是在资源管理器或桌面切换窗格位置与切换选项时好用的快捷键。

招式说明

Tab = 在 [资源管理器][桌面] 与对话框中切换窗格或选项

速学流程

1. 打开资源管理器，若在导航窗格选取 **收藏夹** 项，按 Tab 键后，即会切换到文件列表，如果继续按 Tab 键就会出现如下图所示的数字，依序切换窗格的位置，选定好位置后，再利用方向键或其他键盘对应键就可以执行相关命令或打开文件操作。

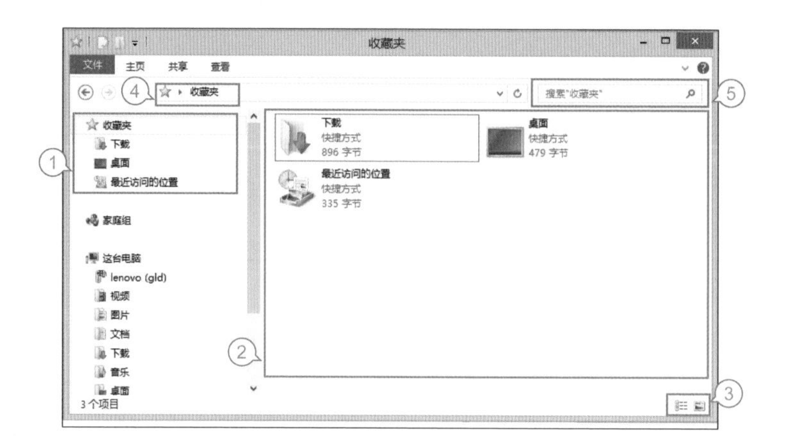

2 在 Windows 桌面，按 Tab 键后会先切换至左下角 **开始** 按钮，按第二次则切换至任务栏，接着按照如下图所示的数字依序切换位置，若是切换至桌面的快捷方式，再使用方向键移至要打开的应用程序快捷方式图标后，按 Enter 键即可。

3 在部分应用程序打开的对话框中，Tab 键又变身为按钮的切换键，重复按 Tab 键就可以在对话框的按钮中切换，选定按钮后，按 Enter 键即可执行命令。

44 切换浏览过的文件夹

资源管理器操作技巧

使用资源管理器整理或寻找文件时，常必须选按主文件夹与相关子文件夹才能打开与查看，万一遇到子文件夹繁多，来回选按切换肯定会花不少时间！以下就通过快捷键上下快速切换至曾经浏览过的文件夹。

招式说明

Alt + ← = Backspace = 在 [资源管理器] 中浏览上一页

Alt + → = 在 [资源管理器] 中浏览下一页

速学流程

1 打开资源管理器，针对选按过的文件夹路径，按 Alt + ← 组合键就可以回到上一个查看过的文件夹，或按 Backspace 组合键也有相同的效果，连续选按可以回到最初查看的文件夹页面。

2 如果按 Alt + → 组合键，则可以再次前往曾经选按过的文件夹，通过连续选按回到最终的文件夹页面。

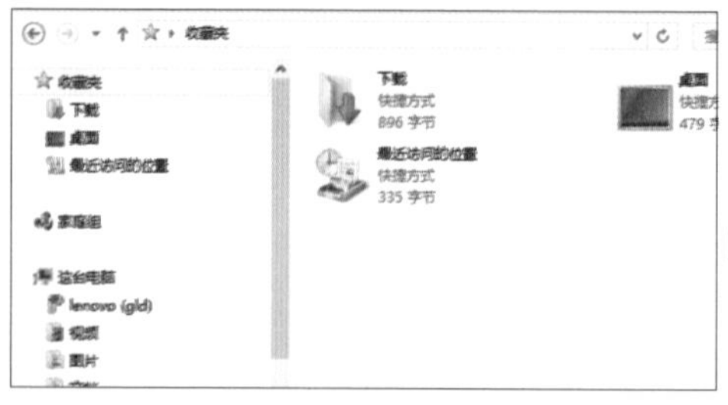

用方向键也可以收合文件夹

资源管理器操作技巧

在资源管理器的导航窗格打开文件夹时，除了使用鼠标左键打开显示文件夹之下的子文件夹，也可以利用箭头方向键控制文件夹，加上前面所学到的几个技巧，运用键盘也能操作出不输给鼠标的效果。

招式说明

↑、→、↓、← = 在 [资源管理器] 中显示、收合文件夹

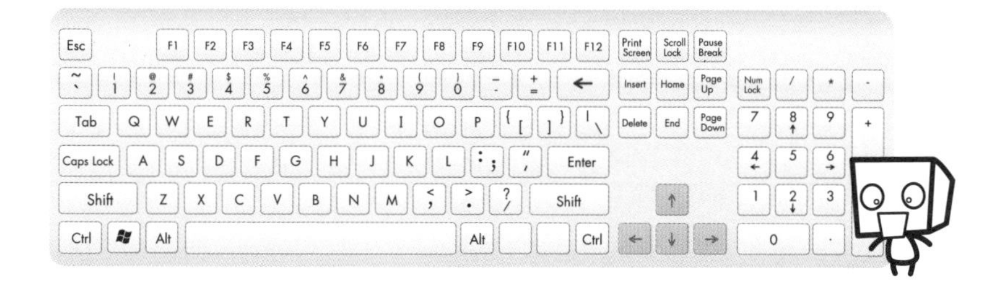

速学流程

1 打开资源管理器，在左侧导航窗格中选按前方出现有 ▷ 图标的文件夹。

2 按 → 键就会显示下一层的文件夹，再按 ↓ 键往下移至有 ▷ 图标的文件夹，按 → 键即可再打开下一层子文件夹。

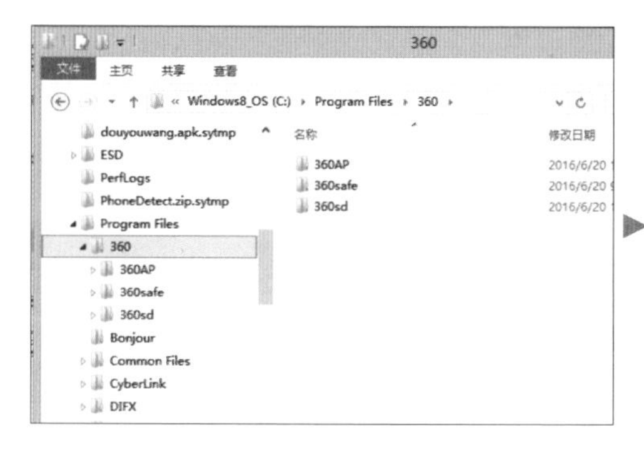

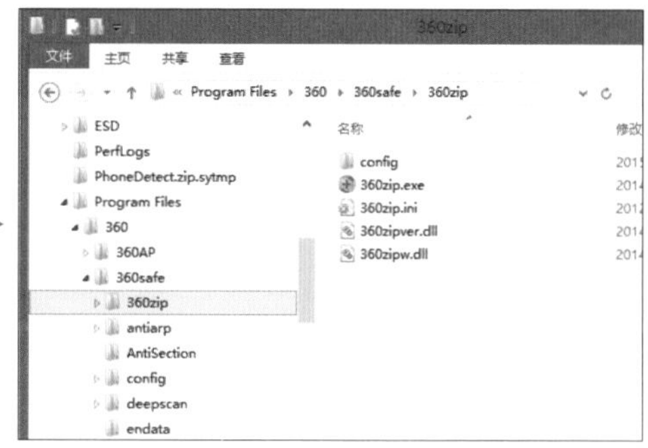

3 依此类推，按 ← 键即可收合文件夹。

46 这样浏览文件最轻松

资源管理器操作技巧

鼠标滚轮是在浏览多页文件资料时，最常用的滚动方式，另外也可以利用鼠标左键在窗口中拖拽右侧垂直滚动条，前者滚动慢，后者则滚动得太快，有时眼睛视线都来不及浏览完毕就跳过而忽略，这时就可以利用快捷键来一页一页进行浏览。

招式说明

PageUp = 在 [资源管理器] 跳至文件列表上一页

PageDown = 在 [资源管理器] 跳至文件列表下一页

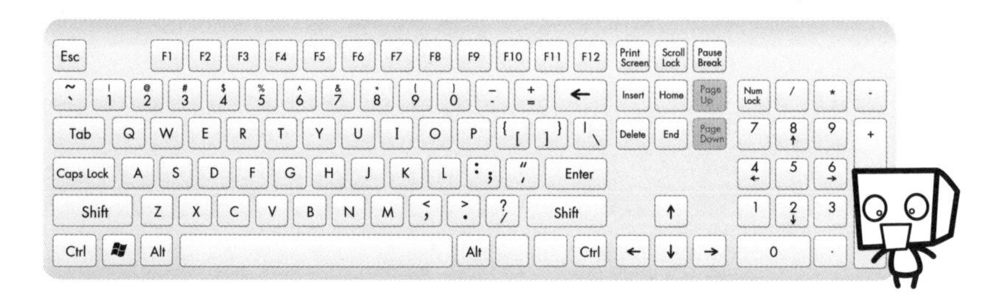

速学流程

1. 打开资源管理器，在右侧文件列表单击第一个文件。
2. 按 PageDown 键，立刻就会跳至目前窗格页面最后一个文件，再按 PageDown 键就会跳至下个页面；反之，按 PageUp 键就会跳至目前文件窗格的第一个文件，再按 PageUp 键就会跳至上个页面。

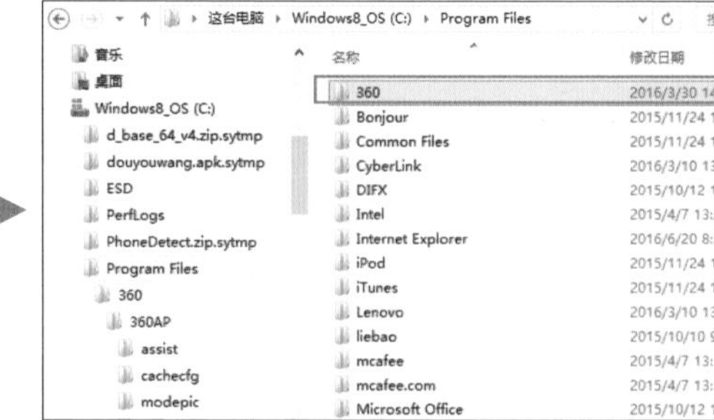

不用打开文件直接预览内容

资源管理器操作技巧

文件名没有命名清楚时，常常会找不到想要的文件，然而在 Windows 8 中只要打开预览窗格，当选按了一个文件或图片文件时，不需要打开应用程序即可在 **预览窗格** 中看到该文件的内容。

招式说明

Alt + P = 在 [资源管理器] 中预览文件或图片文件内容

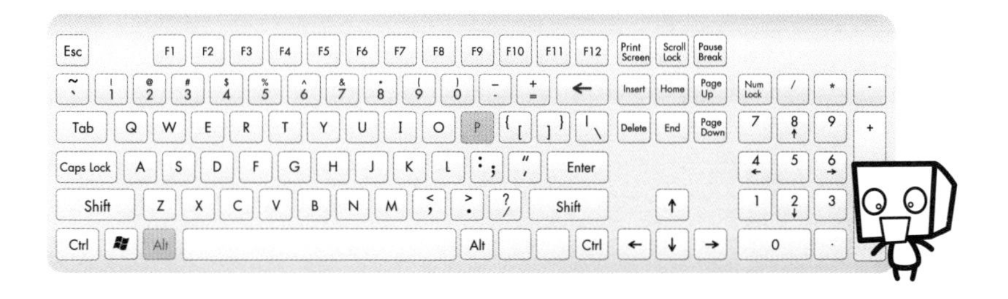

速学流程

1. 打开资源管理器，先任意选按一个文件或图片文件。
2. 按 Alt + P 组合键，在资源管理器窗口右侧会打开 **预览窗格**，在此可以直接看到文件与图片的内容，若有多页内容还可以使用垂直滚动条来浏览下一页（再按 Alt + P 组合键则会关闭 **预览窗格**）。

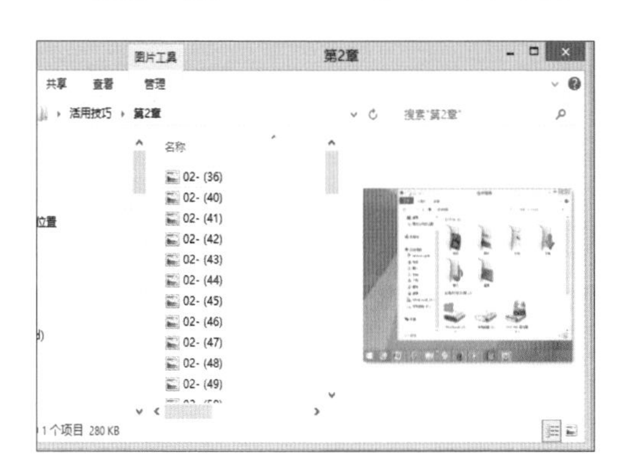

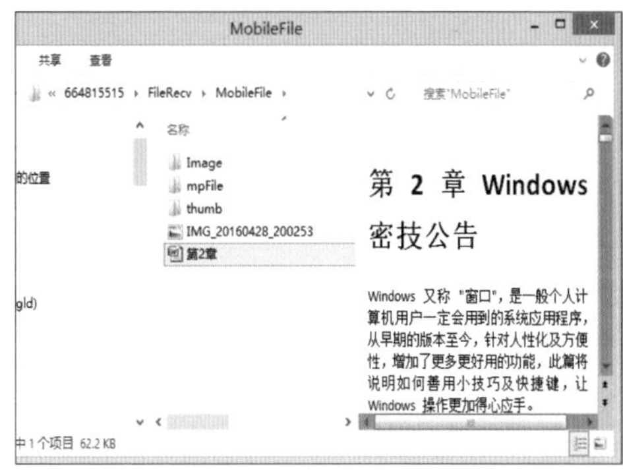

快速切换输入法

输入法切换技巧

输入法有很多种，基本的有微软拼音输入法，高级的输入法则更多了，如五笔字型、搜狗拼音、简体中文郑码等，有时一台计算机里因为有两人以上使用，所以安装了多套输入法，使用快捷键来切换就方便多了。

招式说明

速学流程

1. Windows 8 默认的输入法是 **微软拼音** 。
2. 按住 [Win] 键不放，再按 [Space] 键就可以切换至右侧输入法列表中的下一个输入法项，每按一次 [Space] 键就再切换至下一个输入法项，切换到习惯用的输入法后松开 [Win] 键即可。

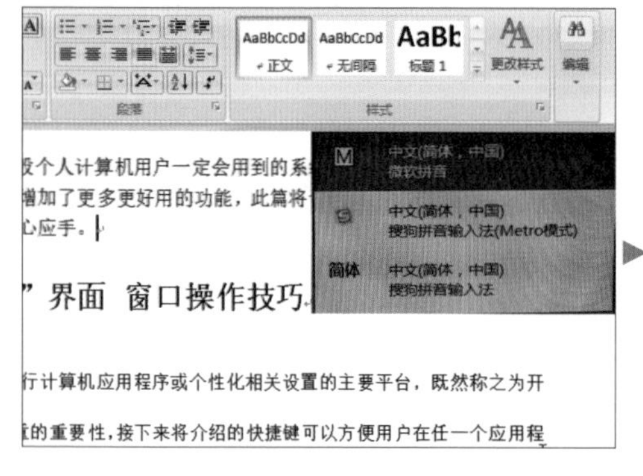

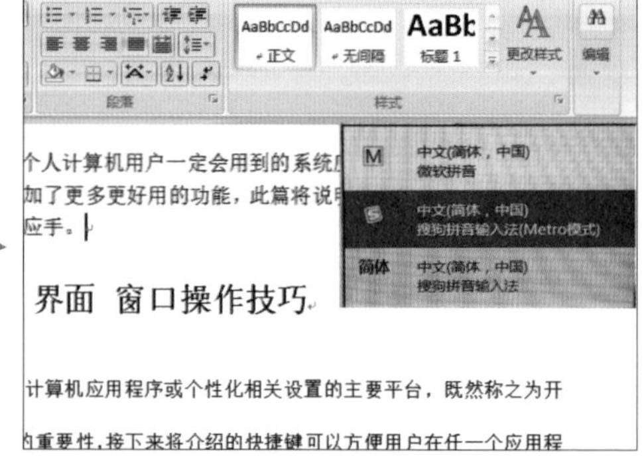

在常用的两个输入法间快速切换

输入法切换技巧

打字时偶尔会忘记一些文字的字型编码，这时就会使用拼音输入法，但如果按 [Windows] + Space 组合键切换输入法，就得每次照着列表项的顺序再切换一遍，其实有更快的方式可以在两个输入法之间切换。

招式说明

[Windows] + Ctrl + Space = 切换为上一个选取的输入法

速学流程

1. 先切换至常用的输入法（本范例使用搜狗拼音输入法）。
2. 按住 [Windows] 键不放，再按 Space 键切换至第二个想切换的输入法（本范例选按**微软拼音**），之后按 Ctrl + [Windows] + Space 组合键即可在这两个输入法之间切换。

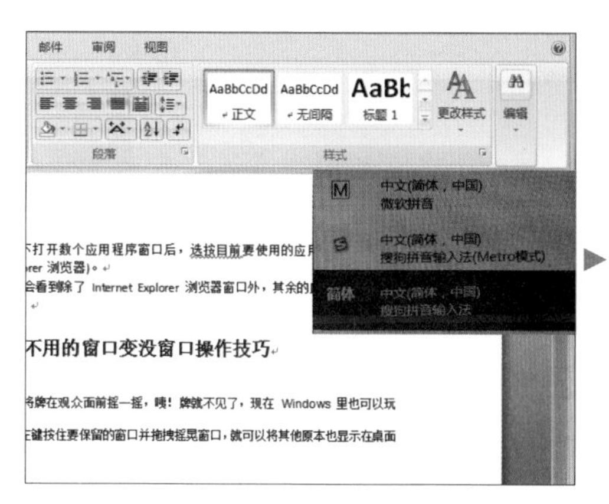

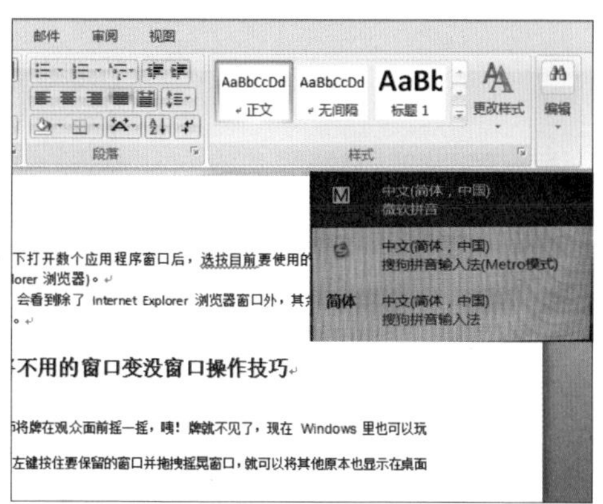

50 中英文输入切换

输入法切换技巧

一般在输入中、英文文章时，常使用 Ctrl + Space 键来切换中、英文输入模式，如果想要通过一个按键轻松切换中、英文输入模式，让打字不致中断，可以参考以下招式。

招式说明

Shift = 快速切换中、英文输入

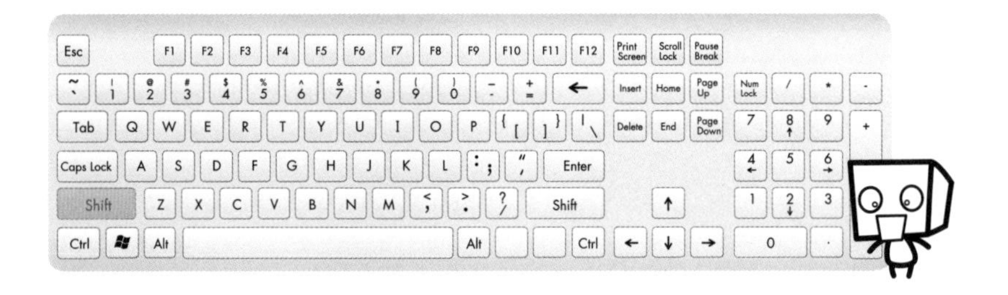

速学流程

1. 输入文字时，在语言栏上可以看到输入法及“中”字，表示现在为中文输入。
2. 按 Shift 键，语言栏上的“中”字就会变成“英”字，这时表示目前是以英文输入为准，再按 Shift 键，语言栏上的“英”字又会变成“中”字，利用 Shift 键就可以快速地切换中、英文输入模式。

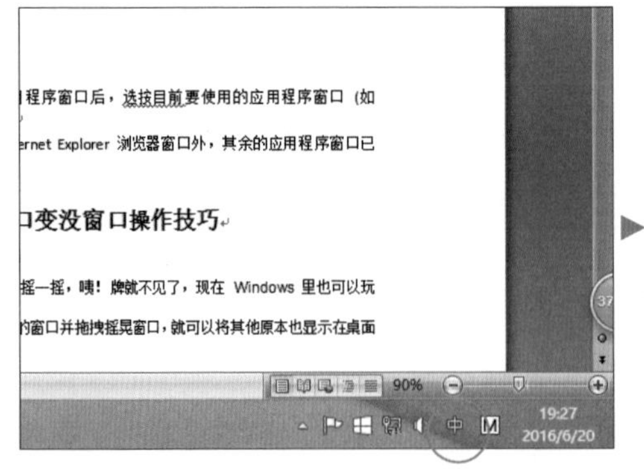

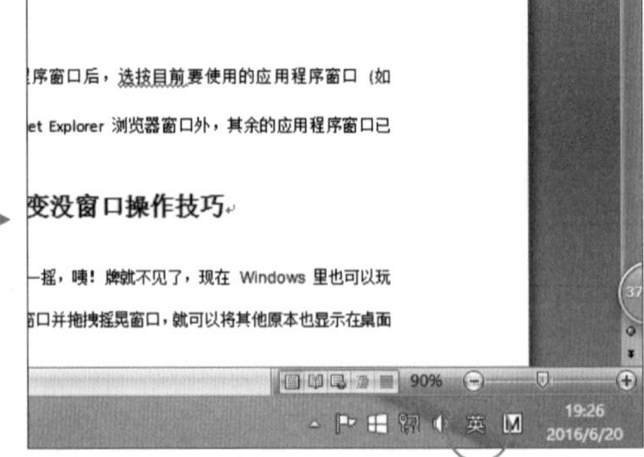

半角、全角输入切换

输入法切换技巧

输入某些文字时，总是希望英文字母、符号或数字能跟中文字一样的大小，所以常利用全角的方式来输入英文或数字，但一边打字一边利用鼠标选按半角、全角图标来切换有点不太顺手，若可以直接用键盘上的按键进行切换就更有效率了！

招式说明

Shift + Space = 半角、全角输入切换

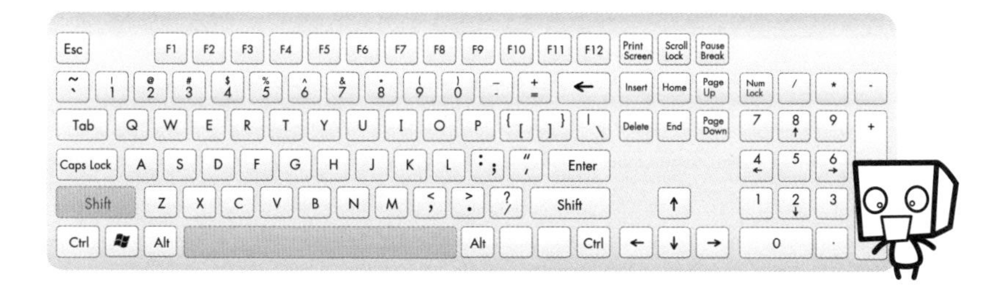

速学流程

1. 切换至任一输入法，先按 Shift 键切换为英文、数字状态，再按 Shift + Space 组合键，之后输入的英文、数字就会是全角的状态。

2. 如果要切换回半角状态，只要再按 Shift + Space 组合键，再输入的英文、数字就会是半角的状态。

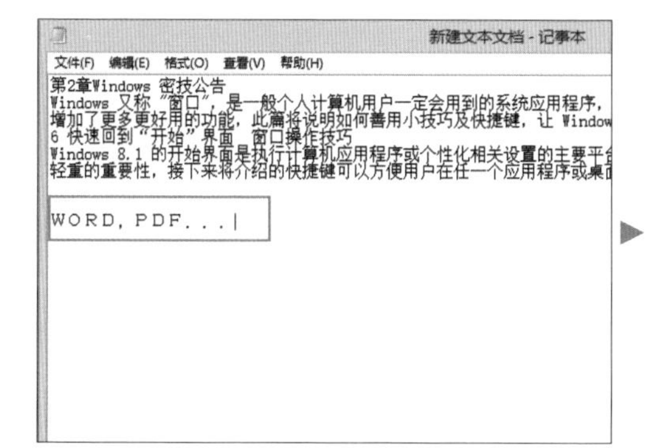

52 多国语系输入法切换

输入法切换技巧

从 Windows XP 开始操作系统就支持多国语言，除了中、英文外，也支持如日文、韩文等不同国家的输入法。这里推荐一组切换键，可以更快速地单纯进行多国语系输入法的切换。

招式说明

Alt + Shift = 切换不同语系输入法

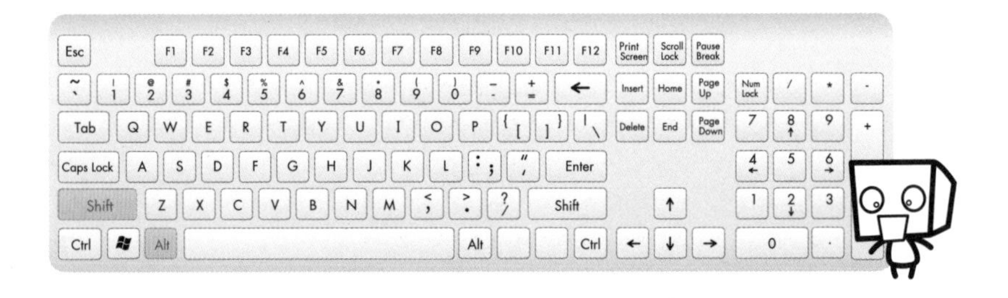

速学流程

1. 本范例已安装日文输入法（日文：Microsoft IME），这时只要按 Alt + Shift 组合键，即可切换到日文输入的模式（在 **控制面板** 窗口搜索 **更换输入法**，进入 **更换输入法** 项后单击 **添加语言** 按钮，这时可以在列表中挑选需要的语言，添加后就可以拥有该语系的相关输入法）。

2. 在语言显示栏上就可以看到显示日文输入的图标，要切换回中文的输入法只要再按 Alt + Shift 组合键即可。

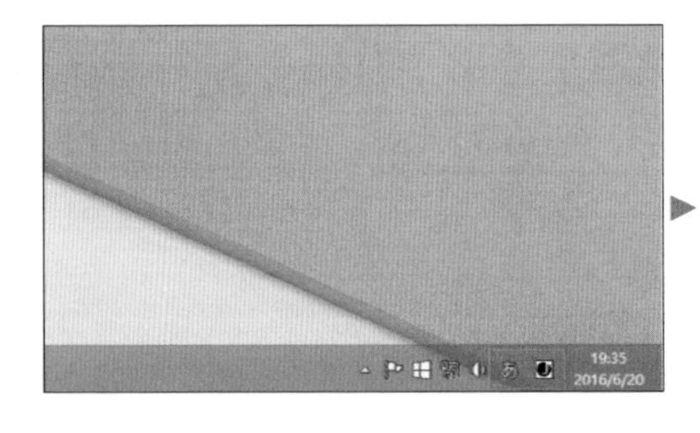

Office 必备关键技巧

在面对 Office 常用的应用程序时，如何将通用且必备的快捷键善用在编辑流程中，达到工作效率激升的目的，是本章的学习主旨。

53 新建文件、打开已有文件

基础操作技巧

新建文件与打开已有文件，是文档编辑时一个基础且重要的操作，毕竟通过现有文件的打开或新文件的建立，才能进行后续操作，也才可以根据需要完成作品。所以缩短文件打开的时间，是提高工作效率的第一步！

招式说明

Ctrl + N = 新建文件　　Ctrl + O = 打开已有文件

速学流程

1. 打开任一个 Office 文件（此例为 PowerPoint），然后按 Ctrl + N 组合键，会立刻建立一个新的文件。

2. 若按 Ctrl + O 组合键，再单击 **计算机→浏览** 按钮，可以进行已有文件的选择与打开。

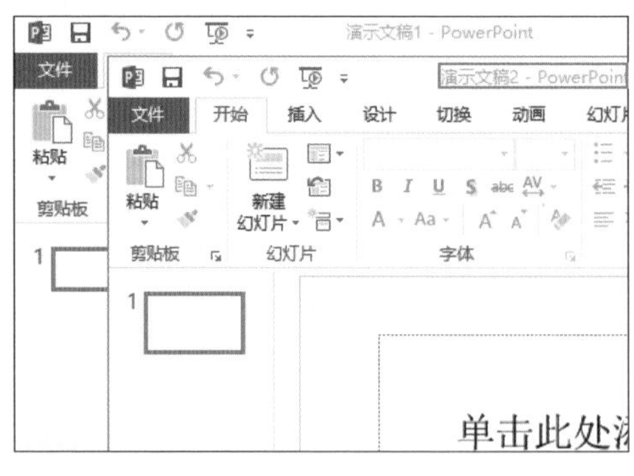

▲ 新建文件

▲ 打开已有文件

随时保存

基础操作技巧

在作品完成的过程中，建议随时进行保存的操作，才不会因为遇到像是死机、停电、不小心按到电脑重启按钮等意外而丢失文件，让文件保证一切平安 。

招式说明

Ctrl + S = 保存文件

速学流程

1. 打开任一个 Office 文件（此例为 Word），如果是尚未进行存盘的新文件，按 Ctrl + S 组合键后，需要再单击 **计算机→浏览** 按钮，会出现 **另存为** 对话框，指定文件保存路径与文件名后，单击 **保存** 按钮即完成存盘。
2. 倘若是已保存的文件，编辑过程中则可以随时按 Ctrl + S 组合键，立即存盘。

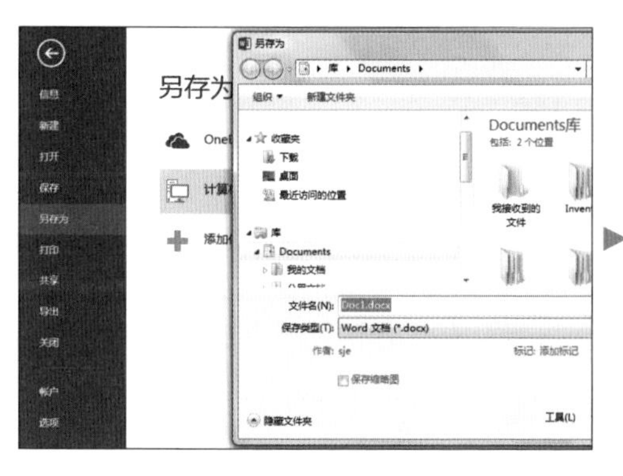

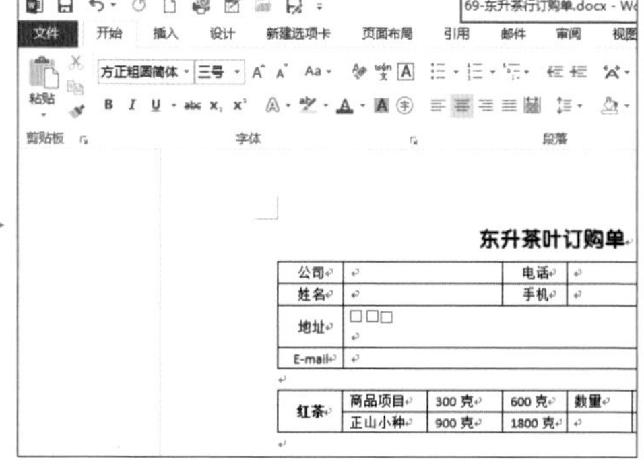

55 切换同一应用程序中的其他文件

基础操作技巧

我们常会在同一个应用程序之中，打开许多文件进行操作，如果要切换至另一个文件时，可于 **视图** 索引卡单击 **切换窗口**，在列表中进行文件之间的切换。为了加速编辑的流畅度，可以利用按键，直接在数个文件之间随意切换。

招式说明

Ctrl + F6 = **切换同一应用程序中的其他文件**

速学流程

1 打开任一个 Office 应用程序的多个文件。

2 按 Ctrl + F6 组合键，即切换至下一个文件窗口。

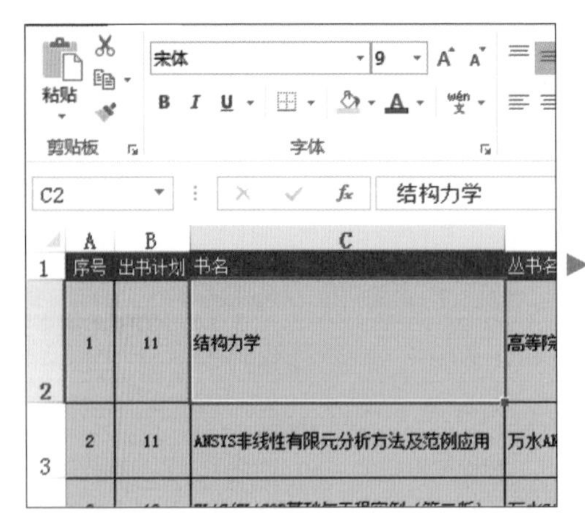

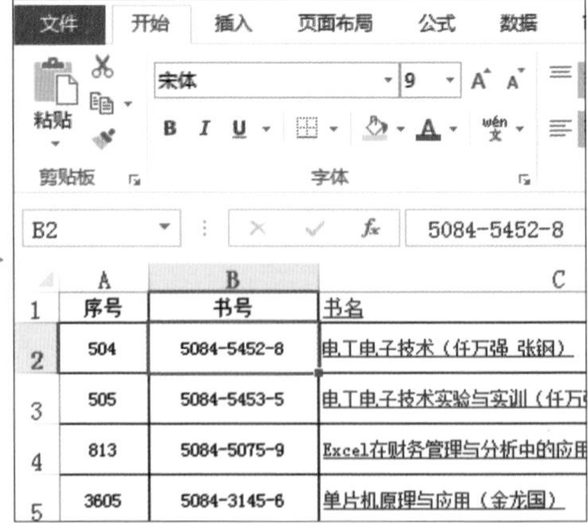

56 关闭活动文件，但不关闭应用程序

基础操作技巧

文件的打开，伴随着相关应用程序界面的打开，只是欲结束活动文件时，却不见得要一起关闭该应用程序。为了让文件在关闭后，应用程序窗口保持打开，可以运用一个操作上的小技巧，达成此目的。

招式说明

Ctrl + W = Ctrl + F4 = 关闭文件

速学流程

1. 打开任一个 Office 文件（此例为 PowerPoint），然后按 Ctrl + W 组合键。
2. 会发现文件虽然关掉了，但应用程序界面仍然呈现打开的状态（如果文件修改过后未保存时执行此快捷键，则会出现一警告对话框，提醒保存之前的变更再进行关闭操作）。

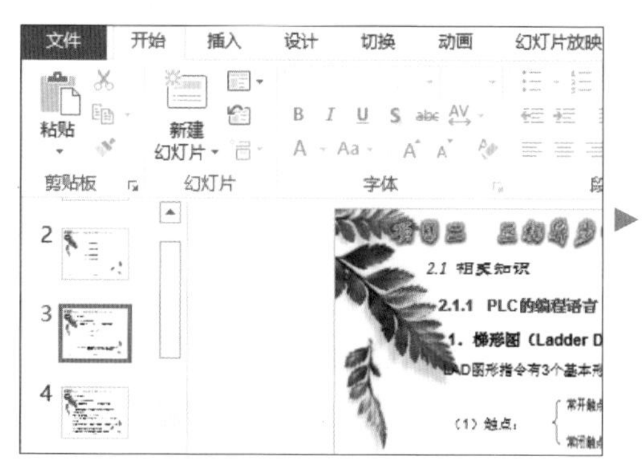

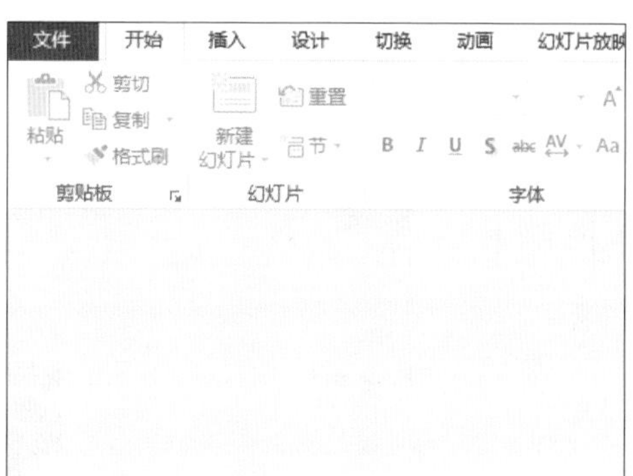

57 显示功能区的按键提示

基础操作技巧

Office 针对功能区提供了按键提示的便捷设置，让操作者不一定要依靠鼠标，通过显示在功能上方的提示字母，利用几个按键即可快速切换或使用功能，让工作执行超快速！

招式说明

Alt = F10 = 显示功能区的按键提示字母

速学流程

1. 打开任一个 Office 文件（此例为 PowerPoint），按 Alt 键，会显示各个选项卡的按键提示字母。
2. 针对其中的选项卡单击对应的字母键（此例按 K 键），马上切换至该选项卡，并显示底下其他功能按键的对应字母。

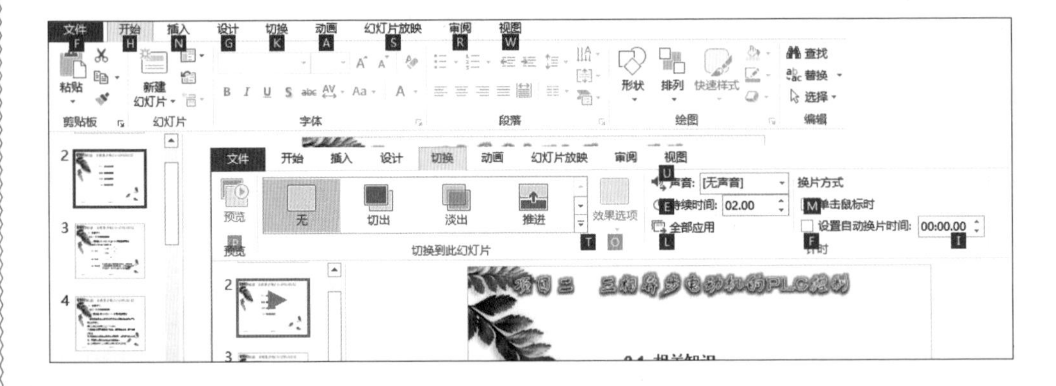

58 没有大屏幕只好让编辑区变大

基础操作技巧

Office 应用程序的操作环境常会因为文件内容过多，而导致过于拥挤；或者窗口缩放时，突然找不到想要单击的功能按钮……这时只要两个按键，就可以将功能区隐藏起来，加大文件编辑区，让操作更加顺手。

招式说明

Ctrl + F1 = 隐藏或显示功能区

速学流程

1. 打开任一个 Office 文件（此例为 Excel），功能区默认是呈现显示状态。
2. 按 Ctrl + F1 组合键，隐藏功能区的内容，加大编辑区的操作环境；再按 Ctrl + F1 组合键，则是再次显示功能区。

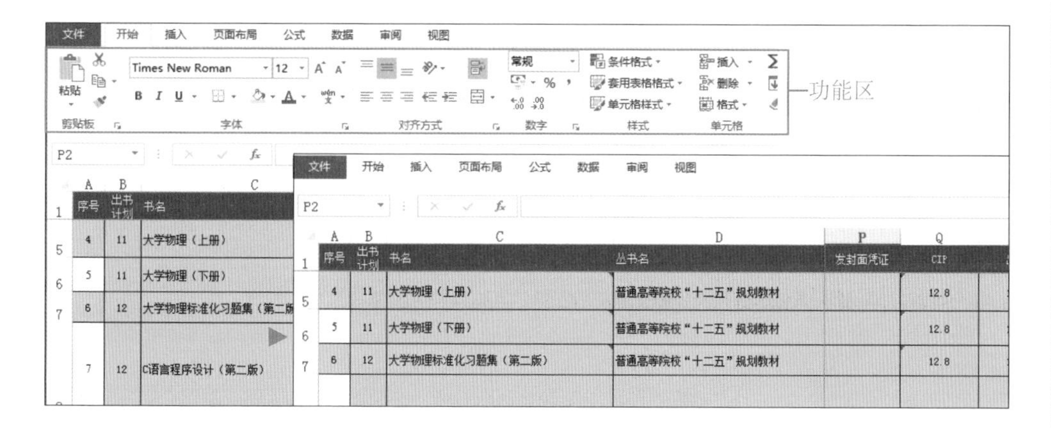

59 放大文件显示比例

基础操作技巧

编辑文件时，默认为 100% 的显示比例，若需放大显示比例，以便仔细地查看；或是缩小显示比例，浏览页面上的更多内容，利用鼠标滚轮就可以放大或缩小了。

招式说明

Ctrl + 鼠标滚轮 = 快速放大或缩小显示比例

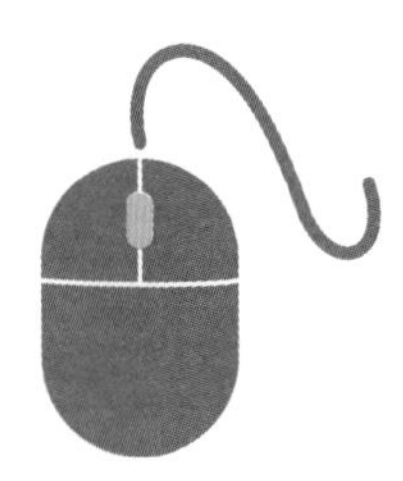

速学流程

1. 打开任一个 Office 文件（此例为 Excel），按住 Ctrl 键不放，将鼠标滚轮往上滚动，中间的编辑区即会放大显示比例。

2. 依然按住 Ctrl 键不放，将鼠标滚轮往下滚动，中间的编辑区即会缩小显示比例（若要放大、缩小文件中的特定区域，可以在该处先单击，再进行放大、缩小）。

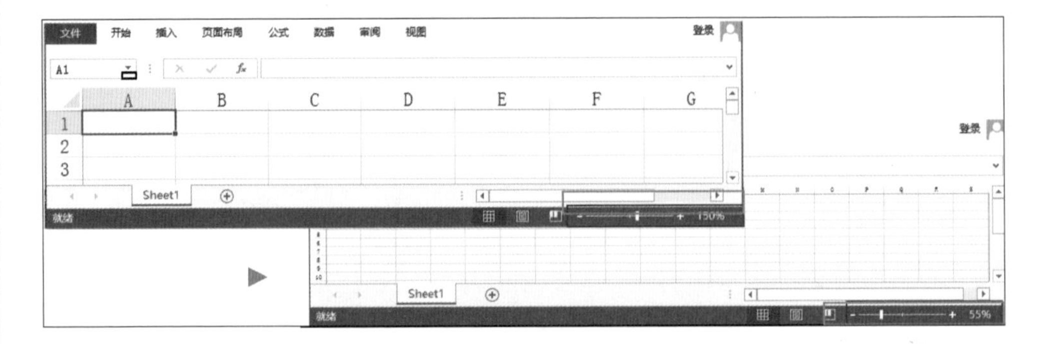

在对话框中切换选项卡

基础操作技巧

对话框是 Office 系列应用程序中经常打开的界面，根据特性利用选项卡再进行分类，在选项卡中切换是常有的事。假如刚好就在键盘上操作，不想移动手指到鼠标上时，以下招式刚好可以解决这样的困扰。

招式说明

Ctrl + Tab = 在对话框中切换至下一个选项卡

Ctrl + Shift + Tab = 在对话框中切换至上一个选项卡

速学流程

1. 打开任一个 Office 文件的对话框（此例为 Word），然后按 Ctrl + Tab 组合键，会由目前的选项卡切换至下一个。
2. 若按 Ctrl + Shift + Tab 组合键，则是返回上一个选项卡。

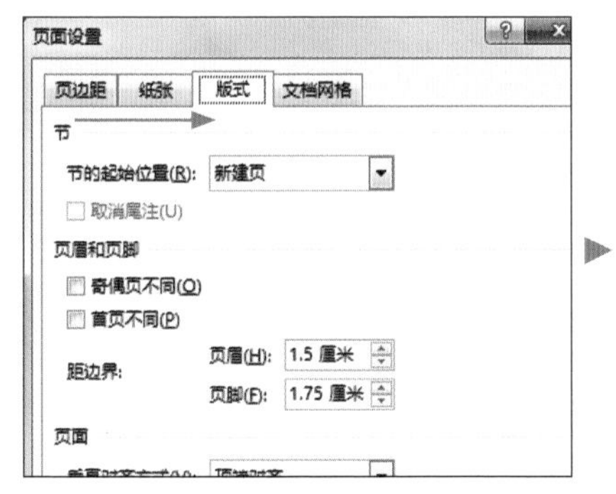

61 利用按键在列表中移动

基础操作技巧

当展开下拉列表、右击的快捷菜单或对话框中的选项列表时，除了可以利用鼠标进行选按外，也可以通过键盘上的方向键，进行命令之间上、下、左、右的移动与选择。

招式说明

速学流程

1. 打开任一个 Office 文件（此例为 PowerPoint），选按某一功能可展开所属的下拉列表。

2. 可以利用 ↑、↓、←、→ 键，在选项之间上、下、左、右移动，待移至要套用的功能项时，按 Enter 键即可执行。

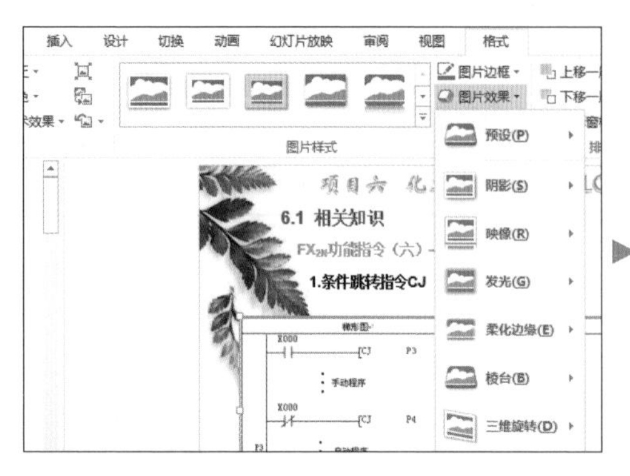

62 不用鼠标右键就可以打开右键菜单

基础操作技巧

Office 应用程序中出现的快捷菜单，主要显示经常使用的命令，它们会根据选取的范围或插入点位置而显示相关项目。省去选按鼠标按键的操作，可以直接利用组合键快速显示此菜单。

招式说明

Shift + F10 = 显示快捷菜单列表

速学流程

1. 打开任一个 Office 文件（此例为 PowerPoint），然后选取某一对象（或选取文字）后，按 Shift + F10 组合键。
2. 会立即显示相关的快捷菜单，供操作者进行选按。

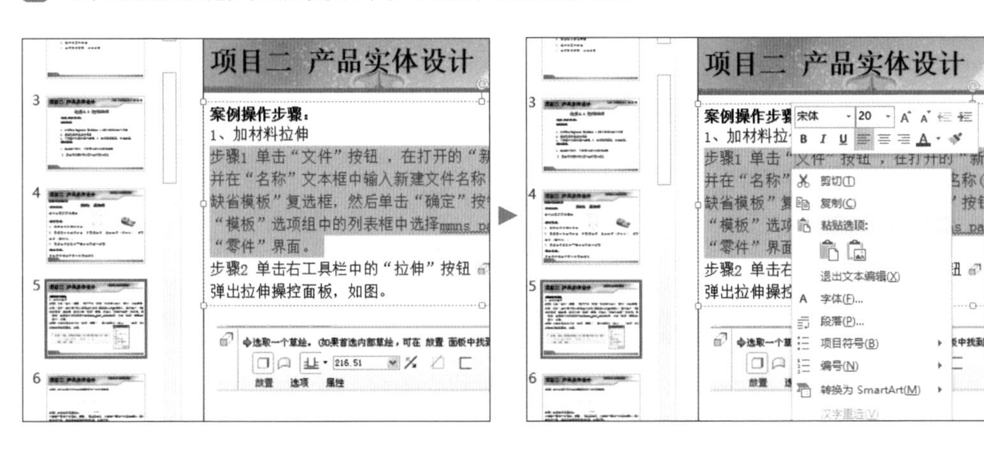

63 显示智能标记的列表

基础操作技巧

在粘贴对象时，右下角会出现类似标签的东西，这是 Office 特有的智能标记。以下省略鼠标选按的操作，直接使用快捷键打开相关列表浏览或执行操作。

招式说明 （适用于 Word、PowerPoint）

Alt + Shift + F10 = 显示智能标记的列表

速学流程

1 打开任一个 Word 或 PowerPoint 文件，选取想要复制的对象，按 Ctrl + C 组合键。

2 接着按 Ctrl + V 组合键粘贴后会出现一智能标记，然后按 Alt + Shift + F10 组合键，即会打开列表显示可以执行的默认选项。

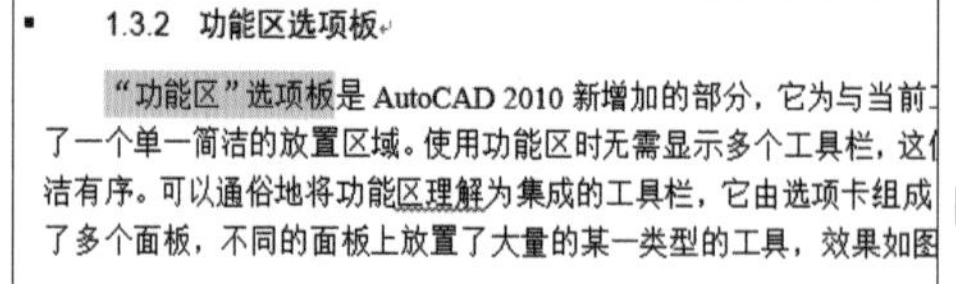
1.3.2 功能区选项板

"功能区"选项板是 AutoCAD 2010 新增加的部分，它为与当前了一个单一简洁的放置区域。使用功能区时无需显示多个工具栏，这洁有序。可以通俗地将功能区理解为集成的工具栏，它由选项卡组成了多个面板，不同的面板上放置了大量的某一类型的工具，效果如图

"功能区"选项板是 AutoCAD 2010 新增加的部分，它为与当前了一个单一简洁的放置区域。使用功能区时无需显示多个工具栏，这洁有序。可以通俗地将功能区理解为集成的工具栏，它由选项卡组成了多个面板，不同的面板上放置了大量的某一类型的工具，效果如"功能区"选项板。

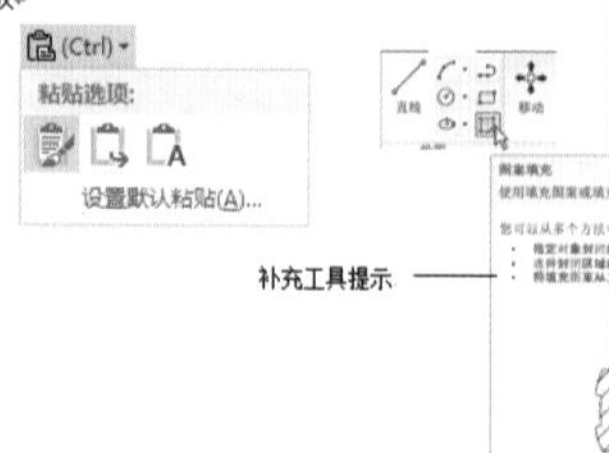

打印前先检查

基础操作技巧

制作完成的文件不仅可以记录于计算机中，更重要的是要将结果打印出来。以往需要移动鼠标指针至 **文件** 选项卡，才可以切换至打印或预览界面，现在只要两个按键，就可以直接打开 **打印** 窗口。

招式说明

Ctrl + P = 打开 [打印] 窗口

速学流程

1. 打开任一个 Office 文件（此例为 Word）。
2. 按 Ctrl + P 组合键，即会切换至 **打印** 窗口，进行作品预览或打印设置，最后单击 **打印** 按钮即可开始打印。

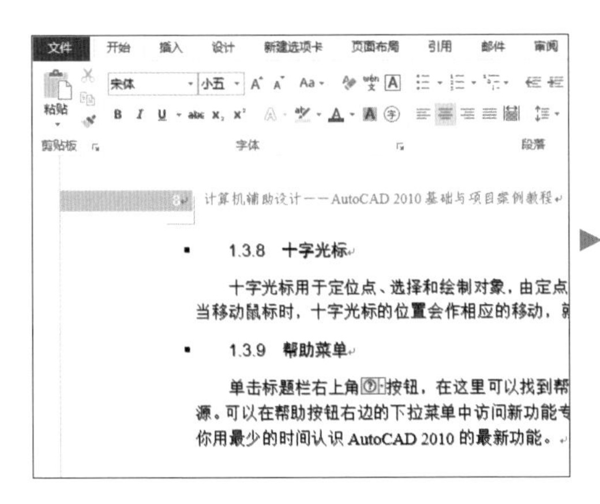

65 打开帮助窗口解决大小问题

基础操作技巧

尽管 Office 应用程序在生活中使用得非常普遍，但是不一定每次使用都是一帆风顺，如果操作过程中遇到问题，刚好身旁又没有人可以询问，**帮助** 窗口不但可以作为小帮手，而且其中许多不为人知的好用技巧也可以让您更快地搞定所有问题。

招式说明

F1 = 打开 [帮助] 窗口

速学流程

1 打开任一个 Office 文件（此例为 Word）。

2 按 F1 键，即会打开如下所示的帮助窗口，提供用户浏览及查询功能说明。

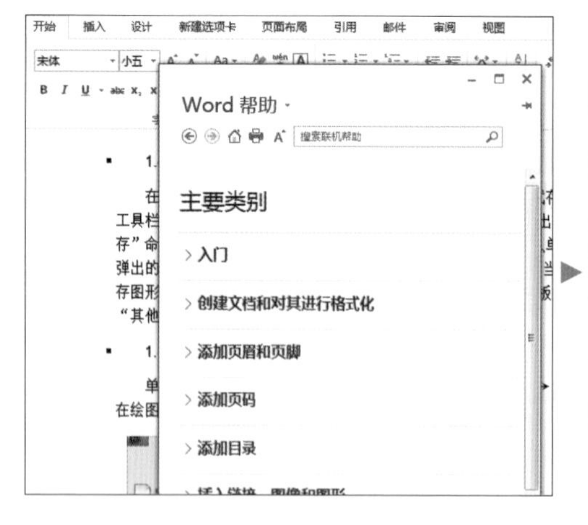

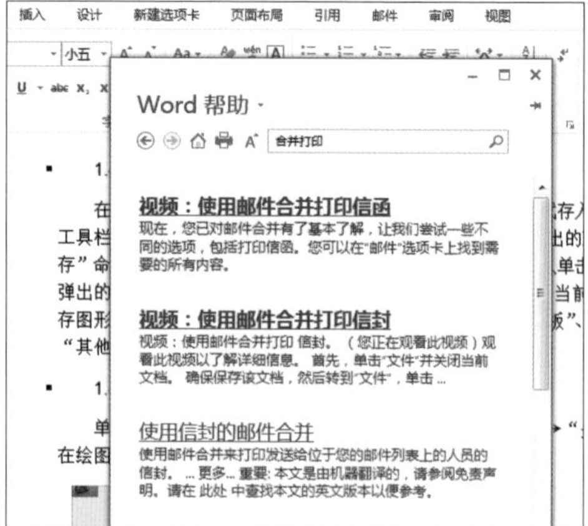

66 一次选取所有对象

编辑操作技巧

Office 中常用鼠标拖拽的方式选取欲设定的对象，如果内容较多，拖拽时常会一不小心松开左键，又得要重新选取，不妨善用组合键，达到全选对象的目的。

招式说明

Ctrl + A = 选取文件内的所有对象

速学流程

1. 打开任一个 Office 文件（此例为 Excel），在文件中任意处单击。
2. 按 Ctrl + A 组合键，会将文件上的内容全部选取。

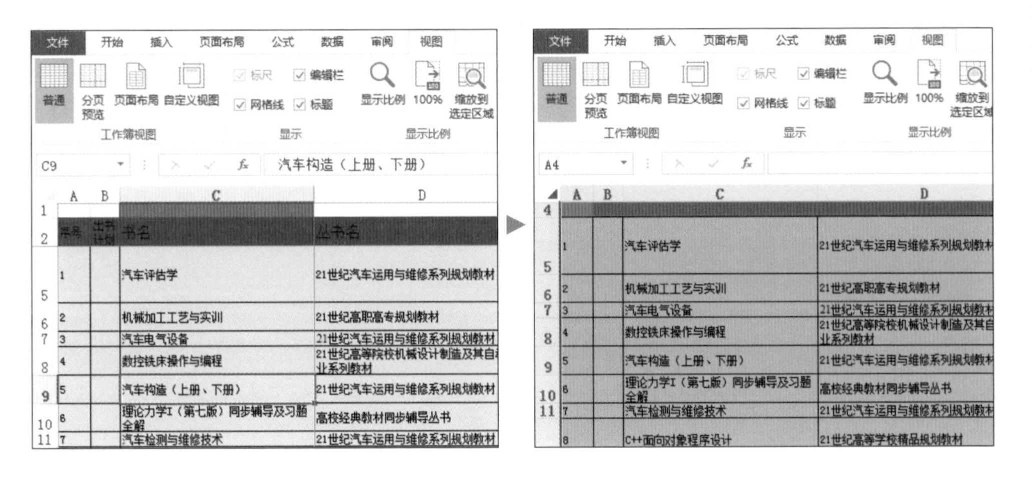

67 一次替换特定的字词

编辑操作技巧

常会为了寻找一个字或替换一段文句，而在文章中逐字逐句地查看，不但费时，也可能导致眼睛产生“脱窗”的危机，这时如果利用查找与替换功能，不但可以马上解决问题，更可以缩短工作时间。

招式说明

Ctrl + H = 文字、特定格式及特殊项目的查找与替换

速学流程

1. 打开任一个 Office 文件（此例为 Word）。
2. 按 Ctrl + H 组合键打开对话框，在 **查找内容** 与 **替换为** 字段中分别输入文字后，单击 **全部替换** 按钮即可全部搜索并进行替换（单击 **查找下一处** 按钮即可一处处查找，再单击 **替换** 按钮替换该对象）。

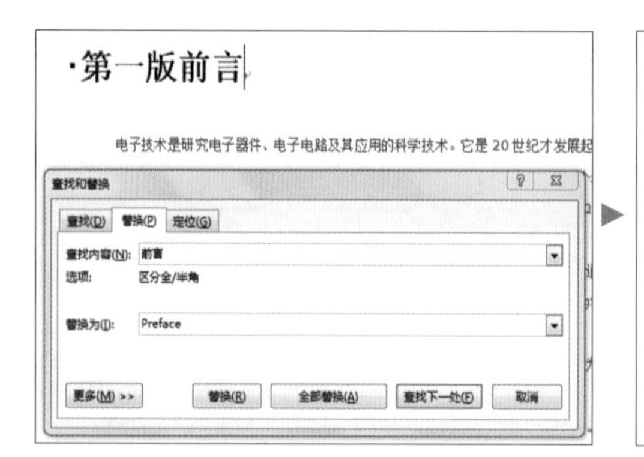

第一版 Preface

电子技术是研究电子器件、电子电路及其应用的科学技术。它是 2
十年来，电子技术以惊人的发展速度改变着它自身和整个现代科学技术的
了极大的推动作用。目前，电子技术应用十分广泛，并且已经渗透到国民
域，在我国社会主义现代化建设中占有极其重要的地位。

电子技术课程是高等工业学校非电类专业的一门技术基础课。它的
获得电子技术必要的基本理论、基本知识和基本技能，了解电子技术的应
以及从事与本专业有关的工程技术工作和科学研究工作打下一定的基础。

本教材与《电工技术基础》（李中发主编，即将由中国水利水电出

68 错字检查

编辑操作技巧

终于报告都完成了，一个再多页数再专业的报告要是有错字就逊掉了哦！枉费之前花了这么多功夫，赶快在交作业之前顺手选按这个快捷键检查看看有没有错别字，不花多余的时间就可以让报告更完美。

招式说明

F7 = 打开 [拼写检查] 任务窗格

速学流程

1 打开任一个欲执行拼写与语法检查的 Office 文件（此例为 Word）。

2 按 F7 键，会在右侧打开 **拼写检查** 任务窗格，快速进行检查操作（文件中的红色底线表示为错别字，绿色底线则为语法错误）。

3 根据 **拼写检查** 任务窗格的 **建议** 内容，可以执行忽略、更改或全部更改的操作（目前 **拼写检查** 功能对英文单字的辨识度较高）。

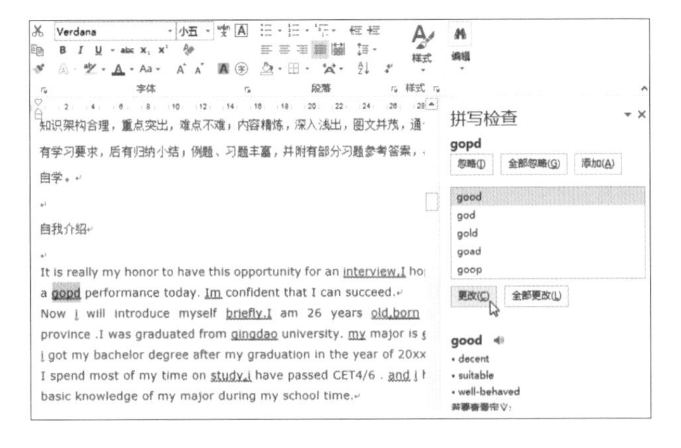

69 恢复上一步的操作

编辑操作技巧

文件编辑时不可能总是一次就 OK，难免会遇到做错的时候，这时怎么办呢？Office 提供的“反悔机制”，在做错步骤时都可以轻易回到上一步。

招式说明

Ctrl + Z = 恢复上一步的操作

Ctrl + Y = 取消恢复上一步的操作

速学流程

1. 打开任一个 Office 文件（此例为 PowerPoint），先针对文件进行任一项编辑修改操作（此例是执行删除图片的操作）。

2. 接着按 Ctrl + Z 组合键，会恢复删除操作；若按 Ctrl + Y 组合键，则是取消恢复。

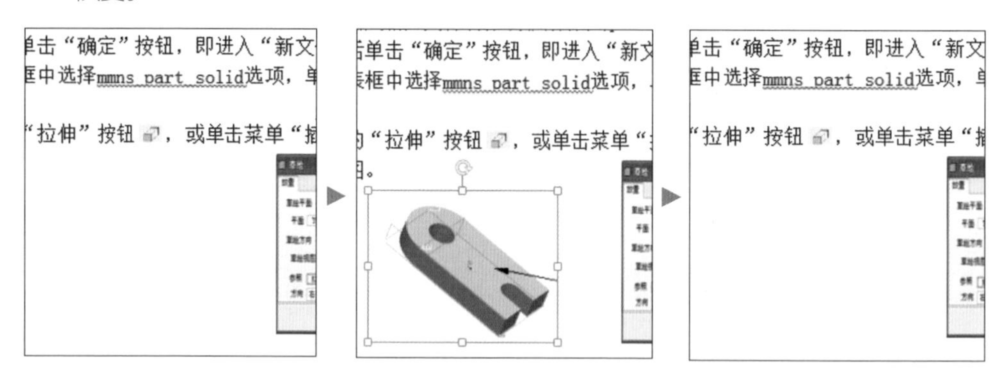

70 迅速移至文件中指定位置

编辑操作技巧

在篇幅较长的文件中，有时候为了要到某个部分进行编辑，必须通过鼠标滚轮来回滚动页面，还不一定能确切找到位置。以下利用按键就瞬间到达目的地！

招式说明 （适用于 Word、Excel）

Ctrl + G = 移动至文件中指定位置

速学流程

1. 打开任一个有较多页数的 Word 文件或有多个工作表的 Excel 工作簿。
2. 按 Ctrl + G 组合键打开对话框，在 **定位** 选项卡的 **输入页号** 项输入相关页码，或可以指定其他项，再单击 **定位** 按钮即会切换至指定位置。

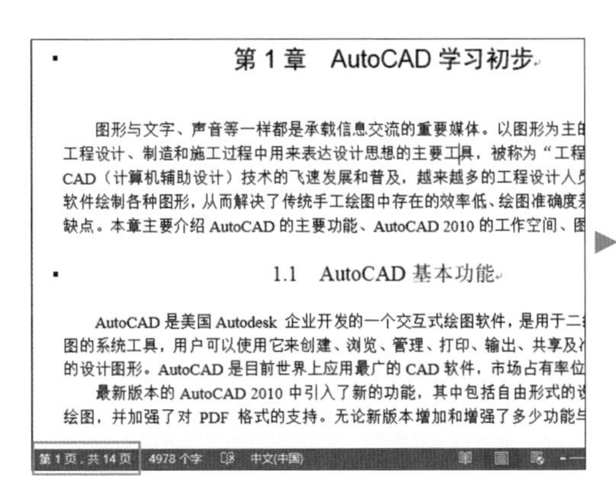

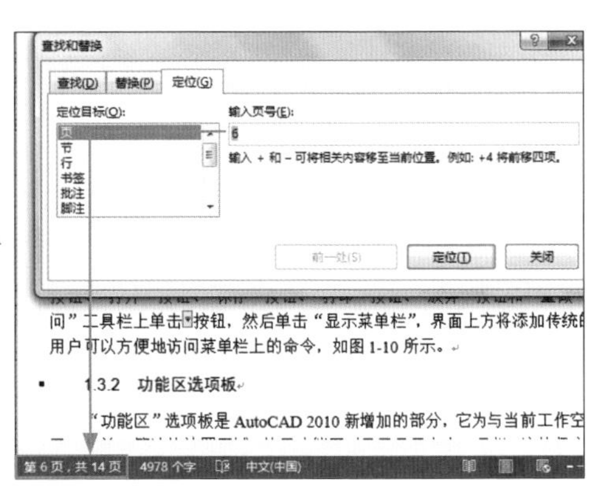

71 剪切、复制与粘贴文字或对象

编辑操作技巧

创建文件的过程常会有重复作业或“乾坤大挪移”的搬移操作，这时可以利用剪切或复制将文件内容进行保留或复制，之后再移至合适位置进行粘贴，完成编辑修改！

招式说明

Ctrl + X = 剪切选取的对象

Ctrl + C = 复制选取的对象

Ctrl + V = 粘贴选取的对象

速学流程

1 打开任一个 Office 文件（此例为 Word），然后选取对象，按 Ctrl + X 组合键进行剪切操作。

2 将插入点移至欲粘贴对象的位置，按 Ctrl + V 组合键即可完成选取对象的移动（若一开始是按 Ctrl + C 组合键，再按 Ctrl + V 组合键，则是复制了选取的对象）。

1.3.4 工具栏 2016 年 5 月 6 日星期五

工具栏是由一些图标组成的工具按钮的长条，如图 1-
能执行其所代表的命令。在“AutoCAD 经典”工作空间的
工具栏、“标准”工具栏、“绘图”工具栏、“修改”工具
工具栏时，既可以采用“二维绘图与注释”空间打开工具
击，在弹出的快捷菜单中选择相应的命令调出该工具栏即

2016 年 5 月 6 日星期五 1.3.4 工具栏

(Ctrl)

工具栏是由一些图标组成的工具按钮的长条，如图 1-8
能执行其所代表的命令。在“AutoCAD 经典”工作空间的
工具栏、“标准”工具栏、“绘图”工具栏、“修改”工具栏
工具栏时，既可以采用“二维绘图与注释”空间打开工具栏
击，在弹出的快捷菜单中选择相应的命令调出该工具栏即可

将复制内容依属性选择性粘贴

编辑操作技巧

复制的内容除了文本外还包含了属性、公式、格式等相关设置值，当按 Ctrl + V 组合键时，是将全部的内容连同属性进行粘贴；但是若只想粘贴该文本对象与个别属性时，可以通过以下快捷键选择性粘贴。

招式说明

Ctrl + Alt + V = 进行选择性粘贴

速学流程

1. 打开任一个 Office 文件（此例为 Excel），选取欲复制的文本，按 Ctrl + C 组合键，接着在欲粘贴文本的所在位置单击。

2. 按 Ctrl + Alt + V 组合键打开对话框，在粘贴选项中选择欲粘贴的属性，再单击确定按钮，即完成指定属性的粘贴操作。

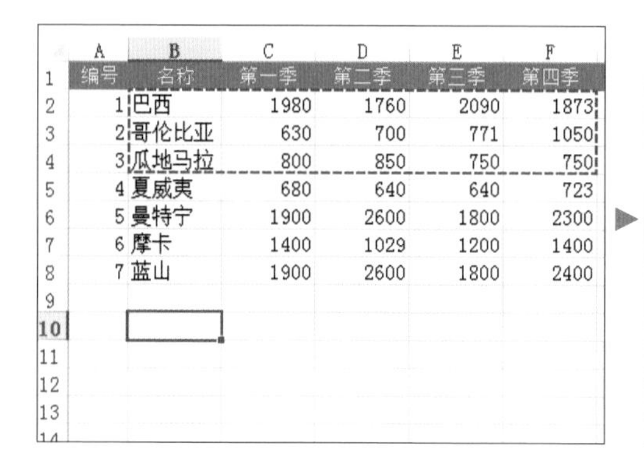

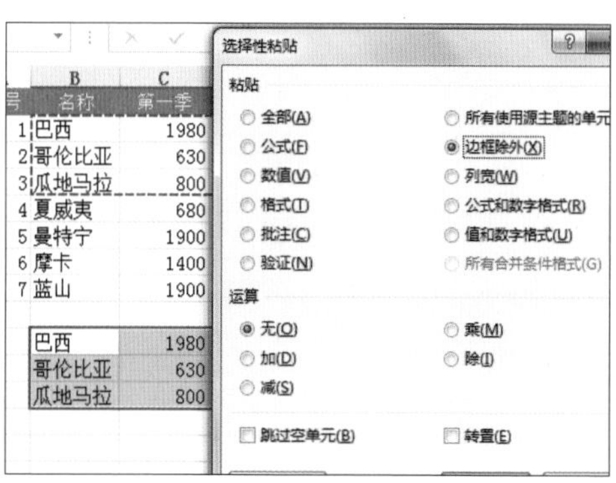

73 复制与粘贴格式

编辑操作技巧

运用 Ctrl + C 组合键及 Ctrl + V 组合键执行复制与粘贴的操作时，会连选取的内容一起复制、粘贴；但是如果只想单纯选取文字、图片所属格式，并套用在另一段文字或图片上时，即可多加一个 Shift 键达到复制与粘贴格式的操作。

招式说明 （适用于 Word、PowerPoint）

Ctrl + Shift + C = 复制格式

Ctrl + Shift + V = 套用复制的格式

速学流程

1. 打开任一个 Word 或 PowerPoint 文件，选取欲复制其格式的文字或图片，按 Ctrl + Shift + C 组合键。
2. 选取欲套用此格式的文字或图片，按 Ctrl + Shift + V 组合键，即将前面复制的格式，套用于此文字或图片上。

1.3.4 工具栏

工具栏是由一些图标组成的工具按钮的长条，如图
能执行其所代表的命令。在“AutoCAD 经典”工作空间
工具栏、“标准”工具栏、“绘图”工具栏、“修改”工具

1.3.5 绘图窗口

绘图窗口是用户的工作窗口，用户所做的一切工作
等)均要在该窗口中得到体现。该窗口内的选项卡用于图
绘图窗口的左下方可见一个 L 型箭头轮廓，这就是坐标

▶

1.3.4 工具栏

工具栏是由一些图标组成的工具按钮的长条，如图 1
能执行其所代表的命令。在“AutoCAD 经典”工作空间
工具栏、“标准”工具栏、“绘图”工具栏、“修改”工具

1.3.5 绘图窗口

绘图窗口是用户的工作窗口，用户所做的一切工作
等)均要在该窗口中得到体现。该窗口内的选项卡用于图形
绘图窗口的左下方可见一个 L 型箭头轮廓，这就是坐标

重复上一个操作

编辑操作技巧

如果文件中有一大堆不同区域的对象需要改变样式时，如改变大小、加粗、加下划线等，除了利用 **复制格式** 按钮复制文字上的所有格式到下一个文字上，也可以运用键盘上的 F4 键，重复上一次的操作，提高编辑的效率。

招式说明

F4 = 重复上一个操作

速学流程

1. 打开任一个 Office 文件（此例为 Word），针对其中的某部分内容进行任一项编辑工作（此例是选取图片后，套用图片样式）。
2. 选取下一个欲套用相同设置的内容（此例选取另一张图片，也可以选取多张图片），直接按 F4 键，即会延续前一个设置值进行套用。

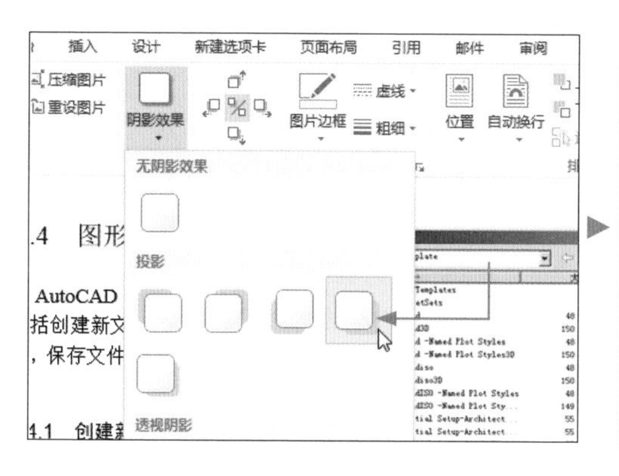

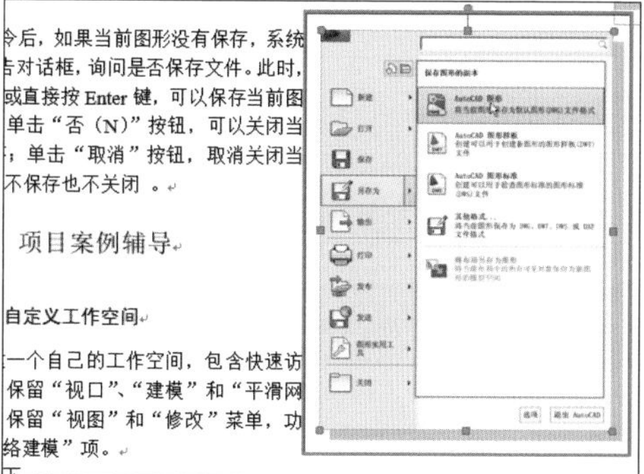

75 离开执行中的模式或操作

编辑操作技巧

在 Office 各项应用程序中，执行如 Excel 中的单元格或数据编辑列的输入，或打开快捷菜单、下拉列表、对话框等操作时，如果临时想要退出，不想继续执行时，只要按 Esc 键，就可以取消目前的操作！

招式说明

Esc = 取消目前的操作

速学流程

1. 打开任一个 Office 文件中的对话框（此例为 Excel），进行插入图表操作。
2. 按 Esc 键，则会取消原本正在执行的编辑工作，回到数据文件中。

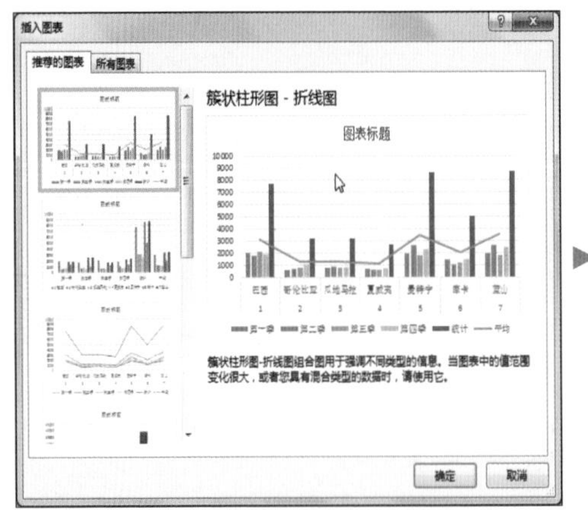

▶

剪贴板　字体

A1　编号

编号	名称	第一季	第二季	第三季
1	巴西	1980	1760	2090
2	哥伦比亚	630	700	771
3	瓜地马拉	800	850	750
4	夏威夷	680	640	640
5	曼特宁	1900	2600	1800
6	摩卡	1400	1029	1200
7	蓝山	1900	2600	1800

76 快速移至表格行列中头尾单元格

编辑操作技巧

表格是数据整理中常用的表现方法，只是当内容越来越多，表格的行列数也因此增加，这时如果原本在列（行）的最上（前）方，因编辑需求想要移到列（行）的最下（后）方时，可别再傻傻地用方向键一个个单元格移动了！

招式说明 （适用于 Word、PowerPoint）

Alt + Home = 移至表格该行的第一个单元格

Alt + End = 移至表格该行的最后一个单元格

Alt + PageUp = 移至表格该列的第一个单元格

Alt + PageDown = 移至表格该列的最后一个单元格

速学流程

1 打开内有表格数据的 PowerPoint 或 Word 文件（此例为 PowerPoint），将插入点移至表格任一单元格中。

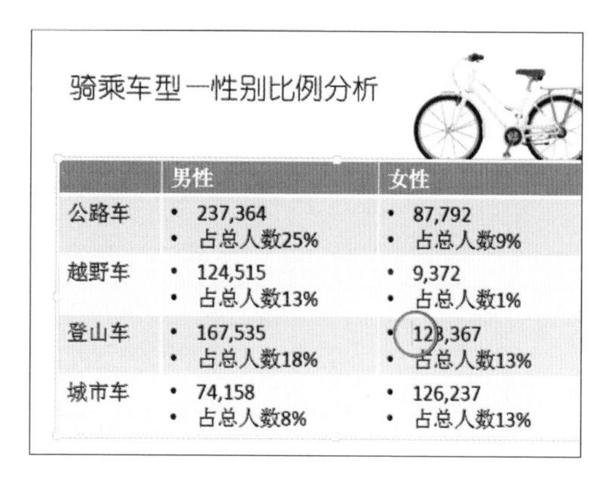

	男性	女性
公路车	• 237,364 • 占总人数25%	• 87,792 • 占总人数9%
越野车	• 124,515 • 占总人数13%	• 9,372 • 占总人数1%
登山车	• 167,535 • 占总人数18%	• 123,367 • 占总人数13%
城市车	• 74,158 • 占总人数8%	• 126,237 • 占总人数13%

2 如果想要移至该行最前方的单元格中，按 Alt + Home 组合键；想要移至该行最后方的单元格中，则按 Alt + End 组合键。

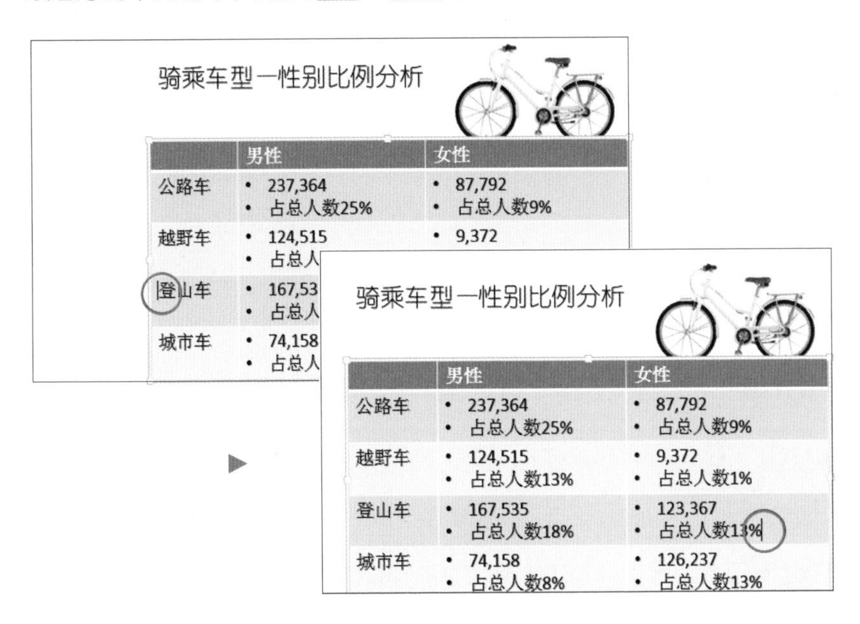

3 除了可以移至表格行的最前方与最后方外，若想要移至表格列的最上方，按 Alt + PageUp 组合键；想要移至表格列的最下方，按 Alt + PageDown 组合键。

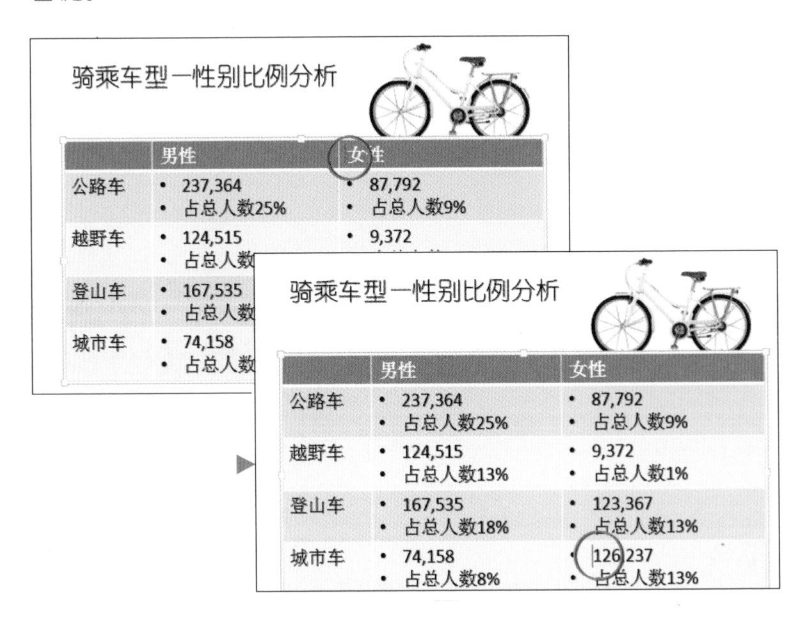

插入超链接

编辑操作技巧

选择加入超链接的文字或图片后，即会迅速打开链接的网页、文件或电子邮件地址，利用快捷键就可以简化设定超链接的步骤，让链接的设定无障碍。

招式说明

Ctrl + K = 打开 [编辑超链接] 对话框

速学流程

1. 打开任一个 Office 文件（此例为 PowerPoint），选取欲加入超链接的文字或图片。
2. 按 Ctrl + K 组合键，打开对话框进行相关链接设置后，单击 **确定** 按钮即可。

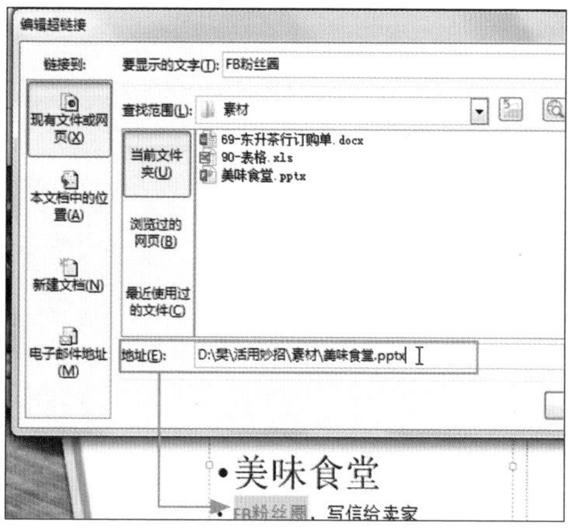

78 字体样式一起设定最省事

文字格式设计技巧

在 **开始** 选项卡的 **字体** 功能区中，提供了数种针对字体设置的选项，难免还是有一些格式，必须通过对话框进行设置。现在可以省了选按对话框启动器的操作，一气呵成通过键盘直接打开设置！

招式说明

Ctrl + Shift + F = 打开 [字体] 对话框

速学流程

1. 打开任一个 Office 文件（此例为 PowerPoint），选取欲变更字体的文字。
2. 按 Ctrl + Shift + F 组合键，即会打开所属的 **字体** 对话框或选项卡，直接进行相关设置。

79 为文字快速套用粗体、斜体及下划线

文字格式设计技巧

文字格式中，粗体、斜体及下划线是最常套用的，面对这样的设置，还要一个一个选按吗？省去这些费时的编辑操作，利用快捷键通通搞定！

招式说明

Ctrl + B = 粗体　Ctrl + I = 斜体　Ctrl + U = 下划线

速学流程

1 打开任一个 Office 文件（此例为 PowerPoint），选取欲套用样式的文字。

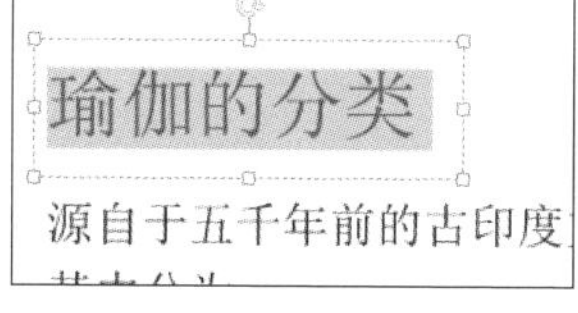

2 按 Ctrl + B 组合键，加粗文字；按 Ctrl + I 组合键，文字呈现斜体样式；按 Ctrl + U 组合键，文字下方加下划线（依同样的快捷键组合再按一次，则会取消该样式的套用）。

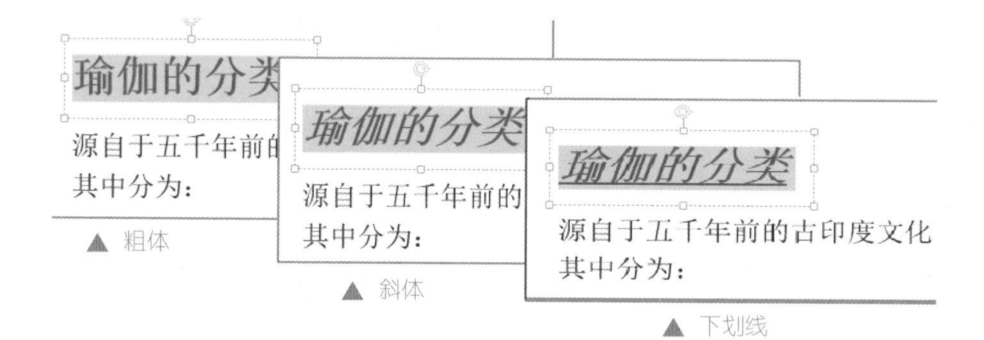

▲ 粗体　▲ 斜体　▲ 下划线

80 文字大小变变变

文字格式设计技巧

文字的大小是格式设置当中最基础也最常编辑的项目。如果不想每次都在功能区的列表选按字号，想要在输入文字的过程中直接放大缩小字号时，可以学学以下方式喔！

招式说明 （适用于 Word、PowerPoint）

Ctrl + Shift + < = 缩小字号

Ctrl + Shift + > = 放大字号

速学流程

1. 打开任一个 Word 或 PowerPoint 文件，选取欲变更字号的标题或正文。
2. 按 Ctrl + Shift + < 组合键几下，文字会逐渐缩小；按 Ctrl + Shift + > 组合键几下，文字则会逐渐变大。

▲ 缩小文字

▲ 放大文字

81 交换段落文字的先后顺序

文字格式设计技巧

碰到临时要变动文件中段落文字的先后顺序，利用复制粘贴有时又担心顺序摆放错误，这时可以试试这组快捷键，可以轻松交换段落文字的先后顺序。

招式说明 （适用于 Word、PowerPoint）

Shift + Alt + ↑ = 段落文字往上移动

Shift + Alt + ↓ = 段落文字往下移动

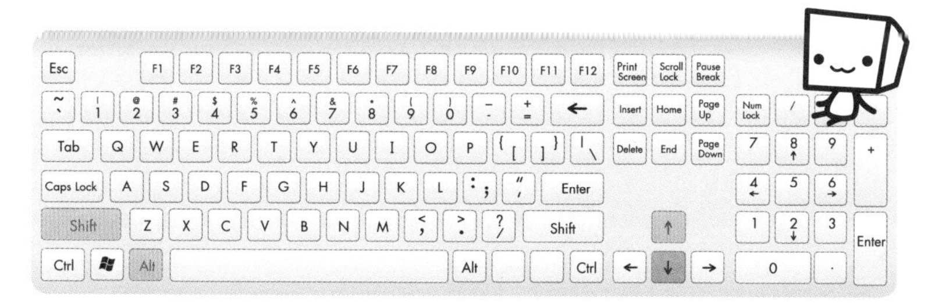

速学流程

1 打开任一个 Word 或 PowerPoint 文件，选取欲变更先后顺序的段落文字或将插入点放置在欲变更先后顺序的段落文字中。

2 按 Alt + Shift + ↑ 组合键或 Alt + Shift + ↓ 组合键，即可将该段落文字往上或往下移动，变更合适的位置。

- 智瑜伽（Jnana Yoga）
- 哈他瑜伽（Hatha Yoga）
- 王瑜伽（Raja Yoga）
- 奉爱瑜伽（Bhakti Yoga）
- 业瑜伽（Karma Yoga）

▶

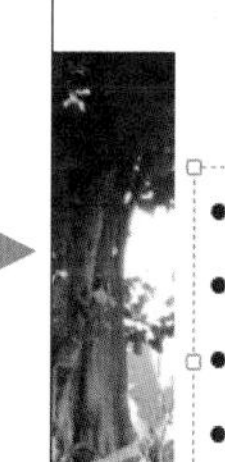

- 王瑜伽（Raja Yoga）
- 智瑜伽（Jnana Yoga）
- 哈他瑜伽（Hatha Yoga）
- 奉爱瑜伽（Bhakti Yoga）
- 业瑜伽（Karma Yoga）

82 文件对齐才好看

文字格式设计技巧

文件中的段落文字，常因为版面美观，必须变更文字的对齐方式，不论是靠左、居中及靠右的对齐设置，除了利用功能区上的按钮选按外，一定也少不了对齐的快捷键！

招式说明 （适用于 Word、PowerPoint）

Ctrl + L = 文字靠左对齐　　Ctrl + E = 文字居中对齐

Ctrl + R = 文字靠右对齐

速学流程

1. 打开任一个 Word 或 PowerPoint 文件，选取欲进行对齐的标题或正文。
2. 按 Ctrl + L 组合键，文字靠左对齐；按 Ctrl + E 组合键，文字居中对齐；按 Ctrl + R 组合键，文字靠右对齐。

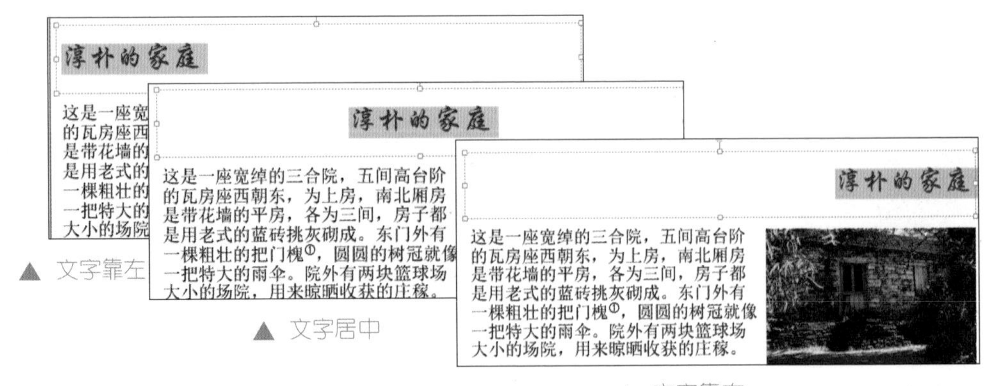

▲ 文字靠左

▲ 文字居中

▲ 文字靠右

83 图片颜色随你调整

图片样式技巧

插入的图片或美工图案，总替文件增添许多丰富度，只是为了整体的色彩配置或视觉效果，有时候必须更改图片原本的颜色。以下通过 **颜色** 设置的快速呼叫，为图片进行色调、饱和度或重新着色的调整，产生不同于以往的样貌。

招式说明

先按 Alt，再分别按 J 、 P 、 I = 套用颜色效果

速学流程

1. 打开任一个 Office 文件（此例为 Word），选取想要变更颜色的图片，按 Alt 键，显示选项卡的按键提示字母。

2. 接着按 J 键，再按 P 键，再按 I 键，打开 **颜色** 列表，选择合适的饱和度、色调及重新着色设置进行套用。

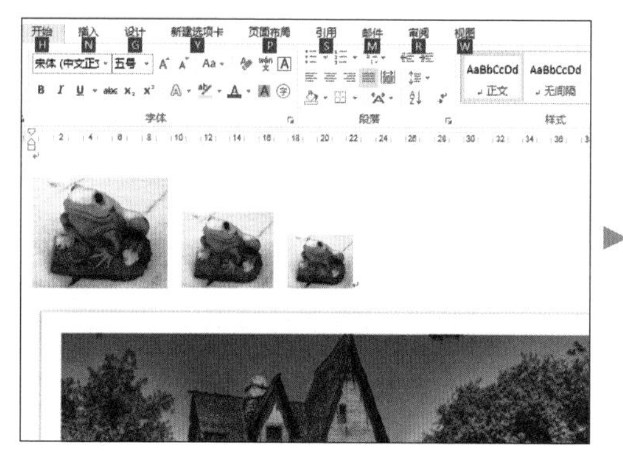

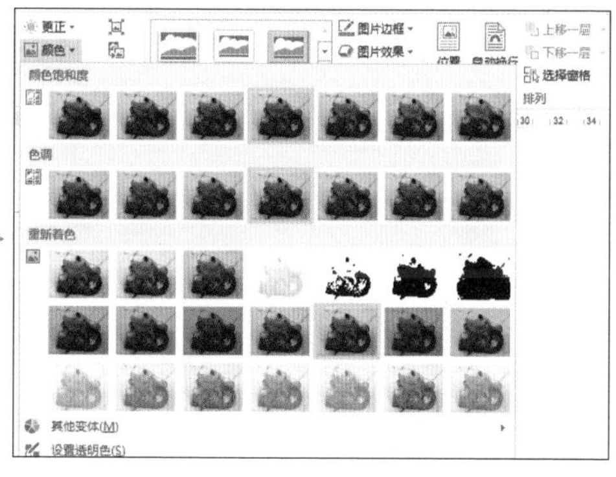

Office 必备关键技巧

84 让图片色彩锐利又变亮

图片样式技巧

图片往往会遇到太暗或模糊不清楚的状况，这时总会想是否需要通过专业图像应用程序为图像进行校正。其实在 Office 中编辑图片，可直接运用内置的更正设置编辑图片，简单又方便！

招式说明

先按 Alt，再分别按 J、P、R = 套用亮度、对比度与锐度

速学流程

1. 打开任一个 Office 文件（此例为 Word），选取想要校正亮度的图片，按 Alt 键，显示选项卡的按键提示字母。

2. 接着按 J 键，再按 P 键，再按 R 键，打开 **更正** 列表，选择合适的锐化、柔边及亮度、对比度设置进行套用。

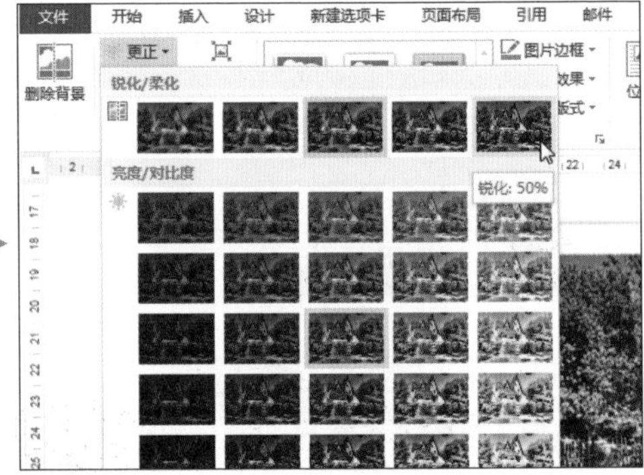

85 为图片加上特殊效果

图片样式技巧

除了调整图片的亮度与对比度外，图像应用程序常用到的阴影、光晕及柔边等效果，在 Office 应用程序中通通都可以设置。不仅提供现成的内置视觉效果进行快速套用，如果想要自定义，也没问题哦！

招式说明

先按 Alt，再分别按 J、P、F = 套用图片效果

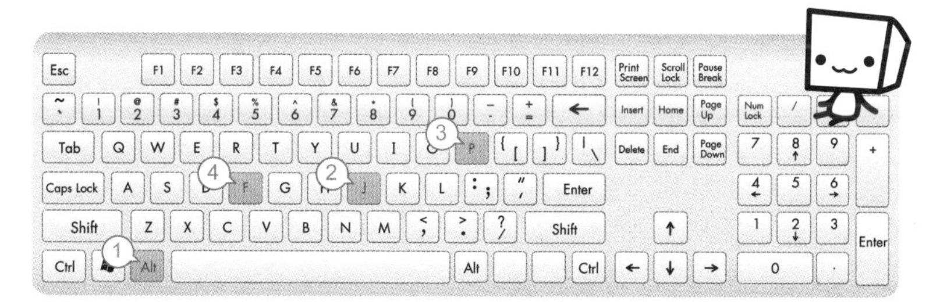

速学流程

1. 打开任一个 Office 文件（此例为 PowerPoint），选取想要套用效果的图片，先按 Alt 键，显示选项卡的按键提示字母，接着再按 J 键，再按 P 键，再按 F 键，打开 **图片效果** 列表。

2. 根据列表上 **阴影**、**映像**等效果选项，选按要套用的按键对应字母，再展开以下列表，选择合适效果进行套用。

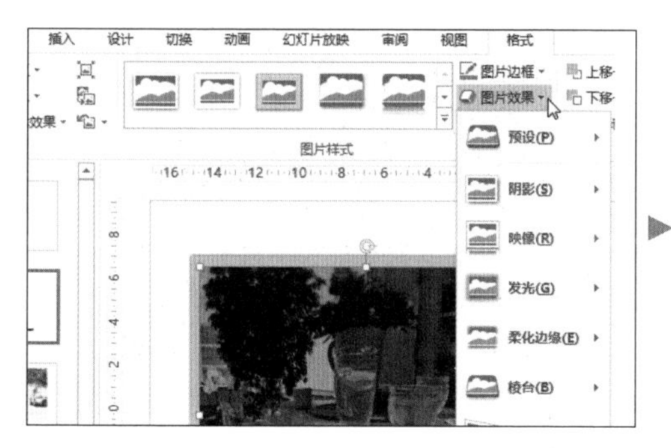

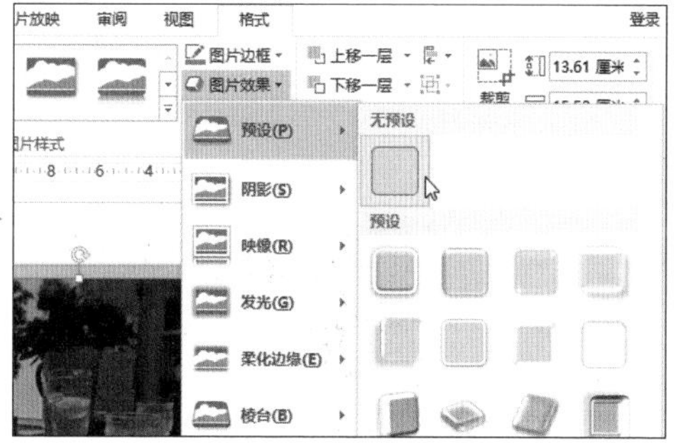

86 移除图片效果恢复原始状态

图片样式技巧

Office 提供多款图片效果，总让人爱不释手，但可能因为套用太多而搞不清楚，或是不小心套错效果，这时如果想要重新再来一次，可以利用如下的重设快捷键，一次清除套用在图片上的所有样式。

招式说明

先按 Alt，再分别按 J、P、Q、R = 重设图片

速学流程

1. 打开任一个 Office 文件（此例为 PowerPoint），选取想要移除效果的图片，先按 Alt 键，显示选项卡的按键提示字母，接着再按 J 键，再按 P 键，再按 Q 键，打开 **重设图片** 列表。
2. 最后按 R 键，原本套用多款效果的图片，即恢复之前插入时的原始状态。

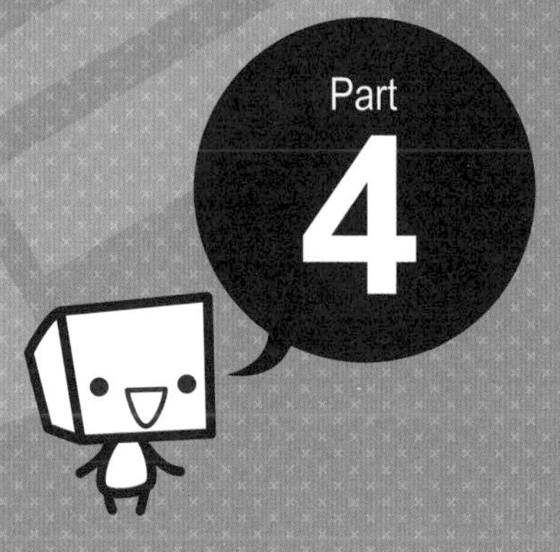

Word 文本编辑灵活应用

在进行文本编辑或制作学校或公司的报告时，是否常遇到鼠标变得顿顿的？或者老是浪费时间在切换上方索引选项卡或寻找功能的经验上面？活用 Word 快捷键，简单动动手指与键盘，就可以搞定符号插入、段落选取、缩排、样式、页面设置、视图模式等功能，帮助您省下大量时间！

87 随时保存英文字母大小写转换

文件编辑技巧

是否觉得输入英文文章时，要常切换大小写的动作相当麻烦呢？这一组快捷键将帮你轻松转换英文字符串的大小写。

招式说明

Shift + F3 = 依序转换英文字母为全部大写、全部小写及首字大写

速学流程

1. 选取欲转换的字母（可以是某一个单词，不一定要选取整段），按 Shift + F3 组合键，即可将字母全部变为大写。

1. A good book is a light to the soul.
好书一本,照亮心灵。
2. A good example is the best sermon.
身教胜于言教。

▼

2. 若再按 Shift + F3 组合键，字母全部变为小写；再按 Shift + F3 组合键，则呈现句首字母大写的效果。

1. A GOOD BOOK IS A LIGHT TO THE
好书一本,照亮心灵。
2. A good example is the best sermon.
身教胜于言教。

88 移至前一次修订处

文件编辑技巧

当执行某一段落文字的编辑修改，再移至下一处进行另一项编辑时，可以利用此功能迅速回到上一次的编辑修改处进行确认，解决因为文件篇幅过多，而产生的“距离感”。

招式说明

Shift + F5 = 将插入点移至前一次修订处

速学流程

1. 将插入点移至某个段落中完成编辑修改后的位置。
2. 再移动插入点至其他段落或任意处后，按Shift + F5组合键，插入点即会返回前一个修订的位置。

息产业部中国就业指导中心开发了远程教
，由西部远程教育频道全国播出。
部职业技能鉴定指导中心开发了“电子产
业以及家电维修专业的教材、试题库、VCD
业出版社和人民邮电出版社出版。
图解打印机、扫描仪原理与维修》、《图

职业技能鉴定指导中心开发了“电子产
以及家电维修专业的教材、试题库、VCD
出版社和人民邮电出版社出版。
解打印机、扫描仪原理与维修》、《图解
实用技术丛书，由人民邮电出版社出版。其
6次。

息产业部中国就业指导中心开发了远程教
由西部远程教育频道全国播出。
职业技能鉴定指导中心开发了“电子产
以及家电维修专业的教材、试题库、VCD
出版社和人民邮电出版社出版。
解打印机、扫描仪原理与维修》、《图

89 选取插入点左右字符

文件编辑技巧

除了利用鼠标拖拽选取字符外，通过插入点及键盘的“绝妙组合”，可以立刻选取插入点左侧或右侧的字符，省去鼠标拖拽的时间。

招式说明

先按 F8 ，再分别按 ← 或 → = 选取插入点左侧或右侧字符

速学流程

1. 将插入点移至要选取的段落中，先按 F8 键设定为选取范围的起点，再按 ← 键，即可选取插入点左侧字符。
2. 多按 ← 键几下，可往左侧选取更多的字符；若按 → 键，则是选取插入点右侧的字符，完成文字的选取后按 Esc 退出选取模式（选取范围仍保留）。

ß远程教育频道全国播出。
能鉴定指导中心开发了“电子产品营销”专业
电维修专业的教材、试题库、VCD 光盘以及考
和人民邮电出版社出版。
机、扫描仪原理与维修》、《图解数码相机、
术丛书，由人民邮电出版社出版。其中，《图解
中等职业学校计算机技术专业教材编审委员会
会。
调试与维修职业技能大赛］天津地区选拔工作，

▶

远程教育频道全国播出。
能鉴定指导中心开发了“电子产品营销”专业
维修专业的教材、试题库、VCD 光盘以及考
人民邮电出版社出版。
机、扫描仪原理与维修》、《图解数码相机、
丛书，由人民邮电出版社出版。其中，《图解打
中等职业学校计算机技术专业教材编审委员会
。
试与维修职业技能大赛］天津地区选拔工作，

选取文章段落

文件编辑技巧

F8 键是 Word 中非常重要的快捷键之一，它主要用于扩充选取的范围，也就是除了利用鼠标拖拽选取段落外，还可以搭配 F8 键，让您在选取文章段落或章节时，更加得心应手！

招式说明

F8 = 扩充选取文章中的段落

速学流程

1 将插入点移至某一个段落中，先按一下 F8 键，设定段落的起点。

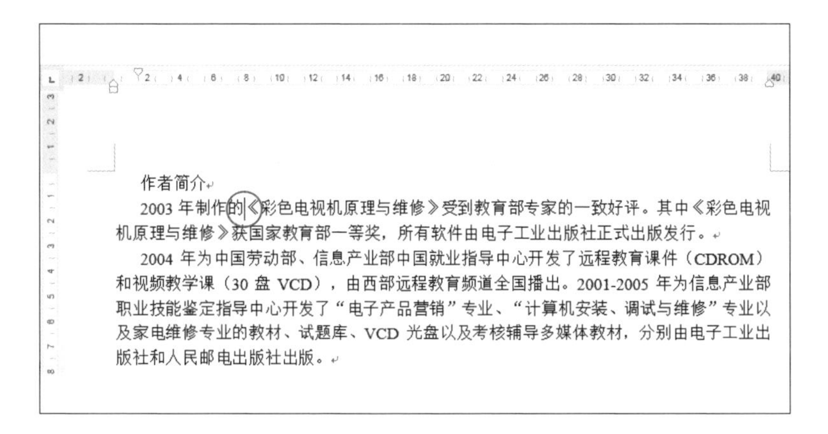
作者简介

2003 年制作的《彩色电视机原理与维修》受到教育部专家的一致好评。其中《彩色电视机原理与维修》获国家教育部一等奖，所有软件由电子工业出版社正式出版发行。

2004 年为中国劳动部、信息产业部中国就业指导中心开发了远程教育课件（CDROM）和视频教学课（30 盘 VCD），由西部远程教育频道全国播出。2001-2005 年为信息产业部职业技能鉴定指导中心开发了“电子产品营销”专业、“计算机安装、调试与维修”专业以及家电维修专业的教材、试题库、VCD 光盘以及考核辅导多媒体教材，分别由电子工业出版社和人民邮电出版社出版。

2 接着按第二下 F8 键，会选取一个或多个字符；再按第三下 F8 键，会选取一行句子。

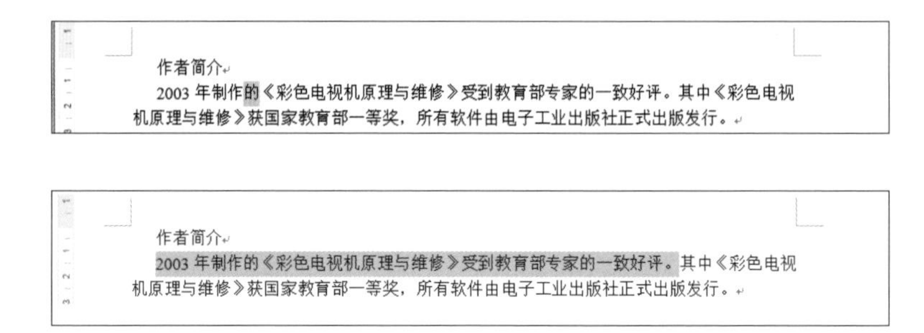

3 按第四下 F8 键，会选取一段文字。

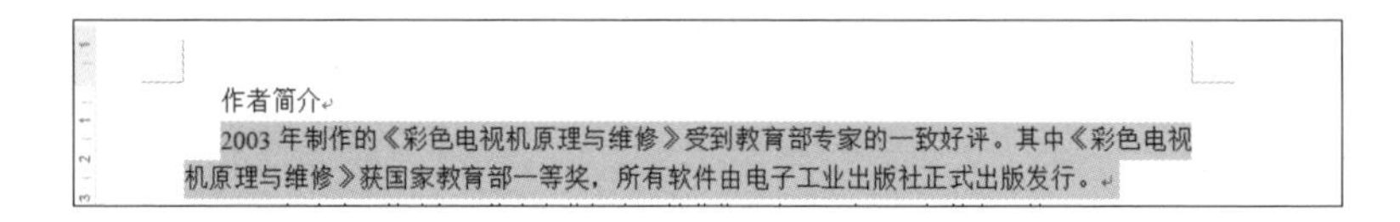

4 按第五下 F8 键，会选取所有文字内容。

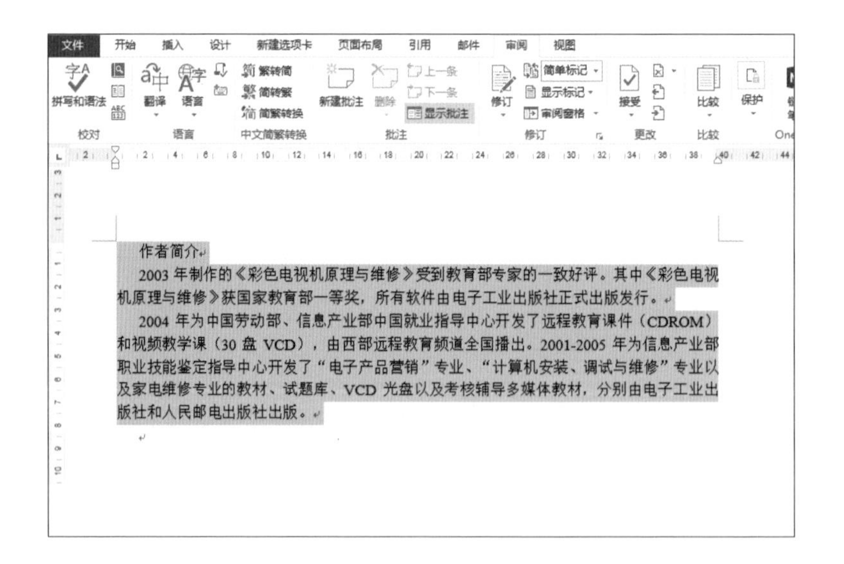

完成文字的选取后按 Esc 可跳离选取模式（选取范围仍保留）。

91 窗口最大化

文件编辑技巧

Word 的工作环境常会因为文件内容过多，而导致过于拥挤；亦或在窗口缩放时，突然找不到要选按的功能按钮……这时只要按两个按键，就可以将 Word 窗口最大化并占满整个屏幕，让文件的显示范围瞬间放大。

招式说明

Ctrl + F10 = 让窗口在最大化与还原中切换

速学流程

1. 打开的文档窗口，在未放至最大化的状态下，按 Ctrl + F10 组合键，窗口会以 **最大化** 的效果来呈现。
2. 再按 Ctrl + F10 组合键则再以 **还原** 的窗口大小呈现。

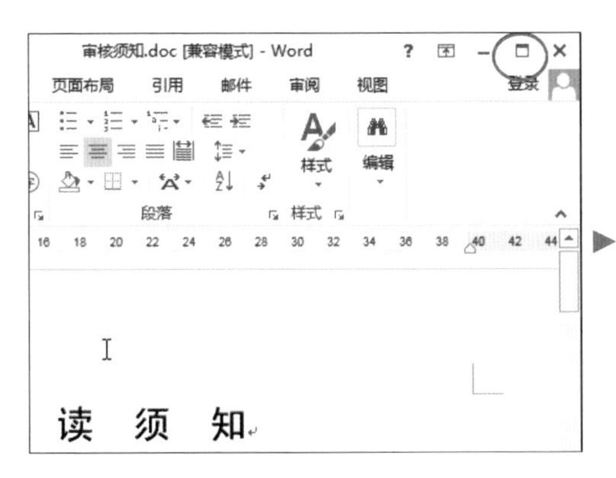

92 拆分文档窗口

文件编辑技巧

当处理页数较多的文件时，必须来回滚动页面进行修改，在编辑修改的过程中，往往就浪费许多时间。如果遇到要修改文档中的前后文，甚至是反复修改时，拆分窗口功能就是最好的选择！

招式说明

Ctrl + Alt + S = 拆分窗口

Alt + Shift + C = 取消拆分窗口

速学流程

1. 文件中按 Ctrl + Alt + S 组合键，即可将一个窗口拆分成上下两个窗口。
2. 将鼠标指针移至分隔线上，呈 ≑ 状，按鼠标左键不放往上或往下拖拽，可调整上下窗口画面的大小（按 Alt + Shift + C 组合键可取消目前窗口的拆分状况）。

审　读　须　知

求：

字逐句地阅读书中的所有内容，尽最大可能地发现书中的错误

不通顺，公式错误，计算过程的不正确，最后结果的错误，书

或者图线不正确，等等。发现错误之后，可以用笔直接改在现

有不太确定的地方，请参考相关教材帮忙确认。

93 快速切换多个文档窗口

文件编辑技巧

一次打开多个文档是常有的事，而切换文档时若是利用鼠标一个个窗口选按切换，在这个讲求“速度”的年代，似乎有点耗费时间。其实只要通过快捷键，可以节省许多切换的时间。

招式说明

Alt + F6 = 在多个文档窗口中快速切换

速学流程

1. 当打开多个文档窗口时，只要在某一个文档窗口按 Alt + F6 组合键。
2. 会从目前的操作窗口，切换到下一个窗口。

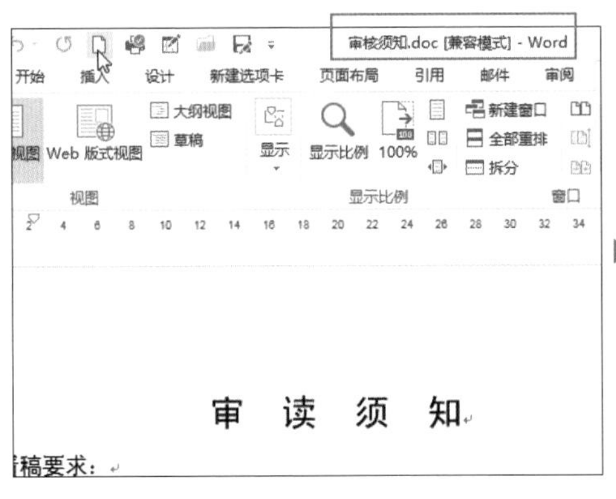

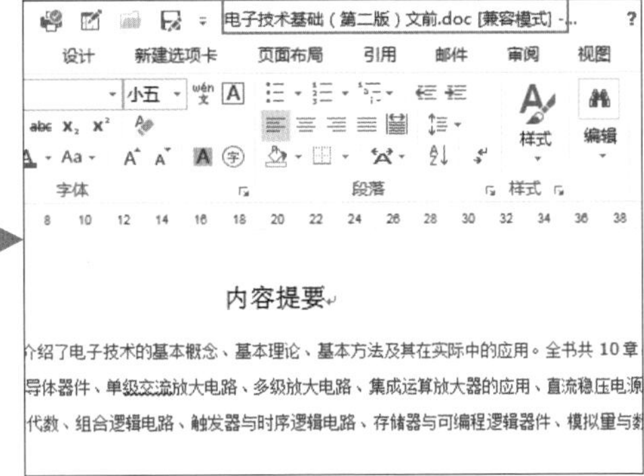

94 插入目前的日期与时间

文件编辑技巧

编辑文件的过程中，经常要输入日期或时间，如果可以随时用快捷键自动插入系统目前的日期或时间到文件的任何地方，就可以省去许多选按的时间哦！（记得插入时间前，先进行系统的时间与日期校正，以免插入错误信息。）

招式说明

Alt + Shift + D = 插入系统目前的日期

Alt + Shift + T = 插入系统目前的时间

速学流程

1. 将插入点移至欲插入日期或时间的段落中。
2. 按 Alt + Shift + D 组合键，立即插入系统目前的日期；若按 Alt + Shift + T 组合键，则是插入系统目前的时间。

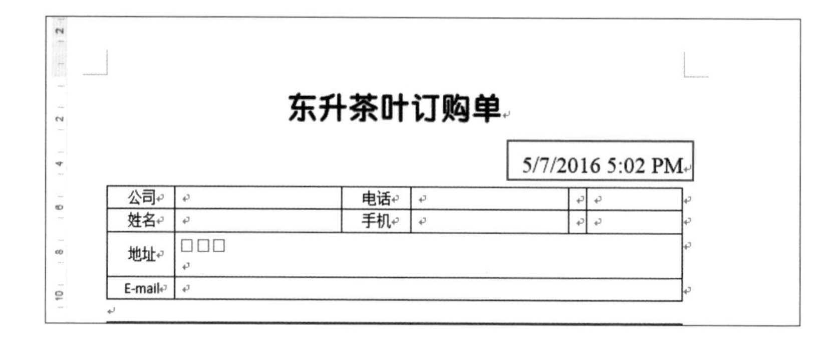

东升茶叶订购单

5/7/2016 5:02 PM

公司		电话			
姓名		手机			
地址	□□□				
E-mail					

数学公式的上下标

文件编辑技巧

数学公式或学术报告中，常会看到缩小的符号及数字或上或下的呈现，除了可以在 **字体** 选项组中设定上下标，也可以利用快捷键设定，若需要编排大量数学公式时是很好用的哦！

招式说明

Ctrl + Shift + ± = 上标　　Ctrl + ± = 下标

速学流程

1. 选取欲套用上标的数字，按Ctrl + Shift + ± 组合键，数字会以上标形式进行呈现（若再按Ctrl + Shift + ± 组合键则会取消上标形式）。
2. 按Ctrl + ± 组合键，即以下标形式进行呈现。

勾股定理
任何直角边，两条直角边的平方和等于斜边的

A2+B2=C2

▶

勾股定理
任何直角边，两条直角边的平方和等于斜边的

$A^2+B^2=C^2$

96 插入特殊商业符号

文件编辑技巧

除了输入文字外，也常会搭配许多特殊符号，如版权符号、商标符号等，虽然通过 **插入→符号**，可以选择欲插入的符号，但是如果是一般较常使用的商业符号，其实运用一些组合键就可以快速产生！

招式说明

Ctrl + Alt + C = 输入 © 版权符号

Ctrl + Alt + T = 输入 ™ 商标符号

Ctrl + Alt + R = 输入 ® 注册商标符号

速学流程

1. 将插入点移至欲插入特殊符号的段落中。

2. 按Ctrl + Alt + C 组合键，会在插入点出现 © 版权符号；按Ctrl + Alt + T 组合键，会在插入点出现 ™ 商标符号；按Ctrl + Alt + R 组合键，会在插入点出现 ® 注册商标符号。

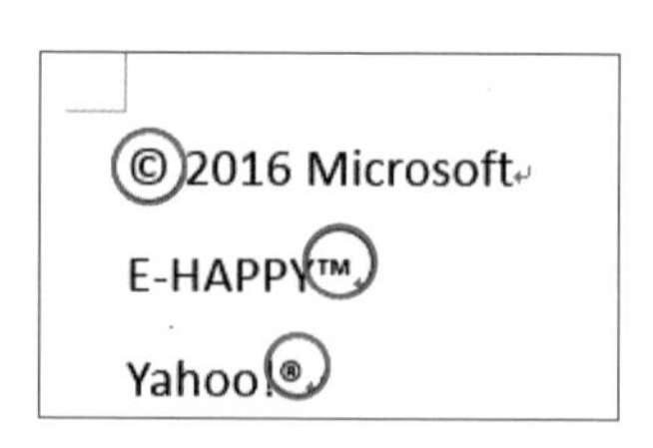

（版权符号 © 是用于标识版权的符号，其中的 C 符号是 copyright“版权”的首字母；TM 符号是 trademark“商标”的简称，代表商标的意思；® 符号是 registered“注册”的简称，代表已获得注册之意，其通常被标示于品牌的右上方或右下方，借此告知相关消费者与竞争者，该品牌已是注册商标。）

… 符号的输入技巧

文件编辑技巧

文件输入内容时，常常因为需要省略某些叙述，而在文字后方加上“...”符号，除了通过自身的输入法进行全角的转换及符号生成外，另外还可以利用快捷键来达到输入效果。

招式说明

Ctrl + Alt + > = 输入 ... 符号

速学流程

1. 将插入点移至欲加入省略号的段落中，按 Ctrl + Alt + > 组合键。
2. 文字后方马上会出现“...”的省略号（“...”省略号会因套用的字形不同有时呈“…”状）。

有内容，尽最大可能地发现书中的错误，如错别
算过程的不正确，最后结果的错误，书中插图的
。发现错误之后，可以用笔直接改在现在的书上，
另附一张纸直接写在上面，标明修改的位置就可

参考相关教材帮忙确认

▶

内容，尽最大可能地发现书中的错误，如错别
过程的不正确，最后结果的错误，书中插图的
现错误之后，可以用笔直接改在现在的书上，
附一张纸直接写在上面，标明修改的位置就可

考相关教材帮忙确认…

98 把段落文字强制分成两行

段落格式技巧

当输入的文字内容超过一行时，Word 会自动进行分行，但通过此快捷键的操作，即可在目前插入点所在位置执行“强制分行”的动作（换行但段落相同），并延续同一段内的相关段落设定。

招式说明

Shift + Enter = 强制分行

速学流程

1. 将插入点移至欲强制分行的段落位置。
2. 按 Shift + Enter 组合键，出现 ↓ 符号，完成分行操作。

《电子技术基础》一书自 2004 年出版以来，经各类职业院校教学使用近 10 余年，深受师生们的好评与欢迎。广大师生们普遍反映，本教材叙述简明，内容深入浅出，通俗易懂；编写思路紧扣教学要求，基本概念讲述清楚，重点突出，难点不难；对问题的讨论注重物理概念的阐述，分析清晰透彻，举例具有典型性且有工程实际观点；每章前有学习要求，后有归纳小结，例题丰富、习题配置齐全，且部分习题提供参考答案，易于教学，方便自学。↵

▼

《电子技术基础》一书自 2004 年出版以来，经各类职业院校教学使用近 10 余年，深受师生们的好评与欢迎。广大师生们普遍反映，本教材叙述简明，↓
内容深入浅出，通俗易懂；编写思路紧扣教学要求，基本概念讲述清楚，重点突出，难点不难；对问题的讨论注重物理概念的阐述，分析清晰透彻，举例具有典型性且有工程实际观点；每章前有学习要求，后有归纳小结，例题丰富、习题配置齐全，且部分习题提供参考答案，易于教学，方便自学。↵

段落首行文字缩进

段落格式技巧

段落开头如果要呈现首行缩进的效果，单单按 4 个空格键来缩进文字，有时大小不一还要花时间调整，其实只要按一个 Tab 键，就可以让首行缩进轻松达成。

招式说明

Tab = 默认自动缩进两个字符的空间

速学流程

1 将插入点移至段落文字的第一行开头。

2 按 Tab 键，即可达成首行缩进两个字符的效果。

第 二 版 前 言

《电子技术基础》一书自 2004 年出版以来，经各类职业院校教学使用近 10 余年，深受师生们的好评与欢迎。广大师生们普遍反映，本教材叙述简明，内容深入浅出，通俗易懂；编写思路紧扣教学要求，基本概念讲述清楚，重点突出，难点不难；对问题的讨论注重物理概念的阐述，分析清晰透彻，举例具有典型性且有工程实际观点；每章前有学习要求，后有归

▼

第 二 版 前 言

　　《电子技术基础》一书自 2004 年出版以来，经各类职业院校教学使用近 10 余年，深受师们的好评与欢迎。广大师生们普遍反映，本教材叙述简明，内容深入浅出，通俗易懂；编写思路紧扣教学要求，基本概念讲述清楚，重点突出，难点不难；对问题的讨论注重物理概念的阐述，分析清晰透彻，举例具有典型性且有工程实际观点；每章前有学习要求，后有

Word 文本编辑灵活应用

100 段落首行文字悬挂缩进

段落格式技巧

段落设计除了要学会缩进，也要了解悬挂缩进设置！除了利用 **段落** 对话框的数值设定，或是拖拽标尺上 ▽ **悬挂缩进** 按钮的设定方式，也可以使用快捷键完成。

招式说明

Ctrl + T = 设定悬挂缩进

Ctrl + Shift + T = 移除悬挂缩进

速学流程

1. 将插入点移至欲悬挂缩进的段落中。
2. 按 Ctrl + T 组合键，段落第一行即呈现悬挂缩进效果；若要移除设置时，则按 Ctrl + Shift + T 组合键。

第 二 版 前 言

《电子技术基础》一书自 2004 年出版以来，经各类职业院校教学使用近 10 余年，深受师生们的好评与欢迎。广大师生们普遍反映，本教材叙述简明，内容深入浅出，通俗易懂；编

▼

第 二 版 前 言

《电子技术基础》一书自 2004 年出版以来，经各类职业院校教学使用近 10 余年，深受师生们的好评与欢迎。广大师生们普遍反映，本教材叙述简明，内容深入浅出，通俗易懂；编写思路紧扣教学要求，基本概念讲述清楚，重点突出，难点不难；对问题的讨论注重

101 段落左侧文字缩进

段落格式技巧

缩进可以让该段落和其他段落有所区别，若想要让段落快速地往左侧缩进呈现，现在介绍这一组快捷键，不用层层的段落格式设置就能调整缩进。

招式说明

Ctrl + M = 设定段落左侧缩进

Ctrl + Shift + M = 移除段落左侧缩进

速学流程

1. 将插入点移至欲缩进的段落中。
2. 按Ctrl + M 组合键，段落左侧即整个向内缩进；若要移除设置时，则按Ctrl + Shift + M 组合键。

第　二　版　前　言

《电子技术基础》一书自 2004 年出版以来，经各类职业院校教学使用近 10 余年，深受师生们的好评与欢迎。广大师生们普遍反映，本教材叙述简明，内容深入浅出，通俗易懂；编写思路紧扣教学要求，基本概念讲述清楚，重点突出，难点不难；对问题的讨论注重物理概

▼

第　二　版　前　言

《电子技术基础》一书自 2004 年出版以来，经各类职业院校教学使用近 10 余年，深受师生们的好评与欢迎。广大师生们普遍反映，本教材叙述简明，内容深入浅出，通俗易懂；编写思路紧扣教学要求，基本概念讲述清楚，重点突出，难点不难；对问题的讨

102 调整段落行距

段落格式技巧

所谓“行距”，即是段落中一行一行文字间的距离。当发现文章内的行距太过拥挤时，可以通过 Ctrl + 1、2、5 组合键的运用，轻松调整行距宽度，让文件更容易阅读。

招式说明

Ctrl + 1 = 加宽段落行距为单倍行距

Ctrl + 2 = 加宽段落行距为 2 倍行距

Ctrl + 5 = 加宽段落行距为 1.5 倍行距

速学流程

1. 选取欲设定行距的段落文字。
2. 按 Ctrl + 2 组合键，加宽段落行距为 2 倍行距；若按 Ctrl + 5 组合键，则加宽段落行距为 1.5 倍行距；而按 Ctrl + 1 组合键，则恢复段落行距为预设的单倍行距。

▲ 2 倍行距

▲ 1.5 倍行距

▲ 单倍行距

103 增加与前面段落的距离

段落格式技巧

除了行距的设置外，适当调整段落与段落之间的距离，也可以让文章阅读起来毫不吃力。这里省略了对话框的使用，直接通过按键的切换，增加与前段之间的距离空间。

招式说明

Ctrl + 0 = 增加或移除与前面段落的距离

速学流程

1. 选取欲设定间距的段落文字。
2. 按Ctrl + 0组合键，加宽与前面段落的距离；再按Ctrl + 0组合键，则取消与前面段落的距离。

书中插图的

1. 插图按章编序号（每章的图序号必须
图较多，也可以按节编号，具体参考：定
2. 插图必须有图号，图下居中。
3. 图序号之间用半角下脚点连接，前
的第 3 幅图）。
4. 线条图要清晰可辨，线条均匀光滑，

▶

书中插图的

1. 插图按章编序号（每章的图序号必须
图较多，也可以按节编号，具体参考：定

2. 插图必须有图号，图下居中。

3. 图序号之间用半角下脚点连接，前

移除段落格式

段落格式技巧

段落格式的设置，包含了对齐方式、缩进、行距、段落与段落间的距离、项目符号及编号等操作。已套用格式的段落，若要还原为预设状态时，可通过以下方式一次取消所有段落格式的设置！

招式说明

Ctrl + Q = 移除段落格式

速学流程

1 选取欲移除格式设置的段落文字。

2 按 Ctrl + Q 组合键，取消段落格式设置，恢复为初始状态。

书中插图的注意事项

1. 插图按章编序号（每章的图序号必须连贯，不可跳
2. 插图必须有图号，图下居中。
3. 图序号之间用半角下脚点连接，前为章号后为本
4. 线条图要清晰可辨，线条均匀光滑，引出线必须

图片在书稿中可以插入扫描图、照片图，并保证原图清
图片处理提供依据。

▶

书中插图的注意事项

插图按章编序号（每章的图序号必须连贯，不可跳号或
插图必须有图号，图下居中。
图序号之间用半角下脚点连接，前为章号后为本章序号
线条图要清晰可辨，线条均匀光滑，引出线必须指到位

图片在书稿中可以插入扫描图、照片图，并保证原图清
图片处理提供依据。

加入项目符号

段落格式技巧

密密麻麻的长篇文字，不但阅读吃力也不易了解重点。为文件套用项目符号，不但可以对齐段落文字，也可以运用字符符号列表说明，适当突显该段落的内容。

招式说明

Ctrl + Shift + L = 加入项目符号

速学流程

1. 选取欲套用项目符号的段落文字。
2. 按 Ctrl + Shift + L 组合键，段落前方会产生一个默认黑色圆点的项目符号。

书中插图的注意事

插图按章编序号（每章的图序号必须连贯，不可跳号
插图必须有图号，图下居中。
图序号之间用半角下脚点连接，前为章号后为本章序
线条图要清晰可辨，线条均匀光滑，引出线必须指到
图片在书稿中可以插入扫描图、照片图，并保证原图
图片处理提供依据。

▶

书中插图的注意事

- 插图按章编序号（每章的图序号必须连贯，不可跳号或
- 插图必须有图号，图下居中。
- 图序号之间用半角下脚点连接，前为章号后为本章序号
- 线条图要清晰可辨，线条均匀光滑，引出线必须指到位

图片在书稿中可以插入扫描图、照片图，并保证原图
图片处理提供依据。

（通过 Ctrl + Shift + L 组合键加上项目符号时，会套用字号 12 与无缩进的段落格式，若此格式不适合原文件内容可以再手动调整字号与缩进，这个部分可以特别留意一下。）

106 移动图片至指定段落内

段落格式技巧

如果想要移动某一个段落文字内的图片，到另一个段落文字内排列，又不想用鼠标拖拽的方式，完全利用键盘操作，参考以下的按键流程，就能在文字编辑修改的同时，随手移动图片！

招式说明

F2 = 移动图片至插入点位置

速学流程

1. 选取段落中的图片后，按 F2 键，在下方的状态栏会出现“移动到何处？”的消息。
2. 接着将插入点移至其他欲放置图片的位置，然后按 Enter 键，图片立即移动至插入点的所在处。

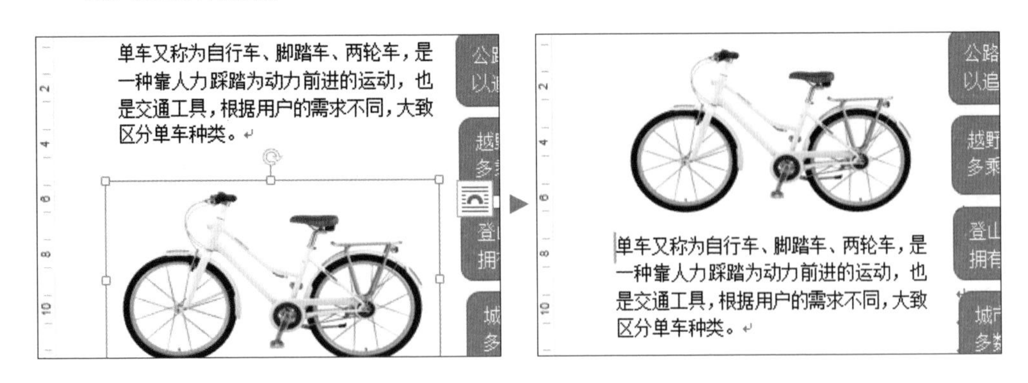

107 套用现成标题样式

样式设计技巧

Word 内置的默认样式，让用户可以快速套用在文件上，达到格式化效果。以下就提供内置标题样式 1、2 及 3 的组合键操作，通过套用快速加强文件标题的呈现。

招式说明

Ctrl + Alt + 1 = 套用标题 1 样式

Ctrl + Alt + 2 = 套用标题 2 样式

Ctrl + Alt + 3 = 套用标题 3 样式

速学流程

1. 选取欲套用标题样式的段落文字。
2. 按Ctrl + Alt + 1 组合键，即可套用内置的 **标题 1** 样式；若按Ctrl + Alt + 2 组合键，即可套用内置的 **标题 2** 样式；若按Ctrl + Alt + 3 组合键，即可套用内置的 **标题 3** 样式。

▲ 标题 1

▲ 标题 2

▲ 标题 3

Word 文本编辑灵活应用

108 用样式设定排版

样式设计技巧

样式 任务窗格是进行样式设定时一个重要的工具，通过此窗格的开启，可以了解文件中套用的样式种类、格式，以及进行样式新建、检查与管理的设置，让文件达到有效率的排版编辑，并且顾及美观。

招式说明

Ctrl + Alt + Shift + S = 打开 [样式] 任务窗格

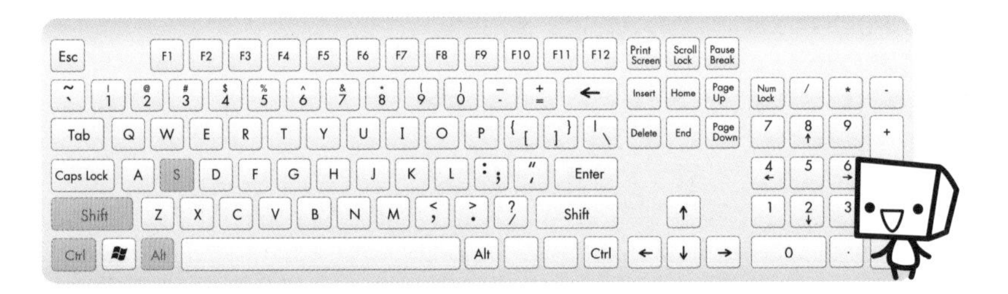

速学流程

1. 先打开 Word 文件。
2. 按 Ctrl + Alt + Shift + S 组合键，即可在窗口右侧打开 **样式** 任务窗格，进行样式套用或其他新建、检查等详细设置。

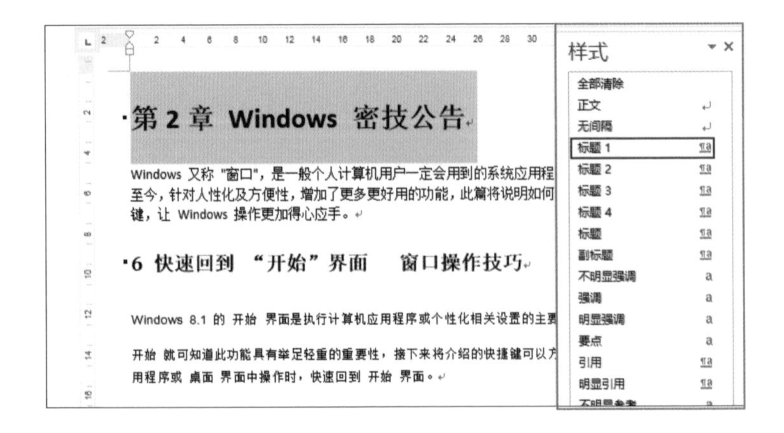

单一样式应用修改

样式设计技巧

如果不想使用 **样式** 任务窗格中新建或管理样式的设置选项；亦或认为太多的样式使人眼花缭乱时，可以针对选取的段落，打开 **应用样式** 任务窗格，借由列表的方式，选择进行某一个样式的修改或应用。

招式说明

Ctrl + Shift + S = 打开 [应用样式] 任务窗格

速学流程

1. 选取段落文字。
2. 按Ctrl + Shift + S 组合键，即可在窗口右侧打开 **应用样式** 任务窗格，查看样式名称，并可以针对该样式进行修改与重新应用。

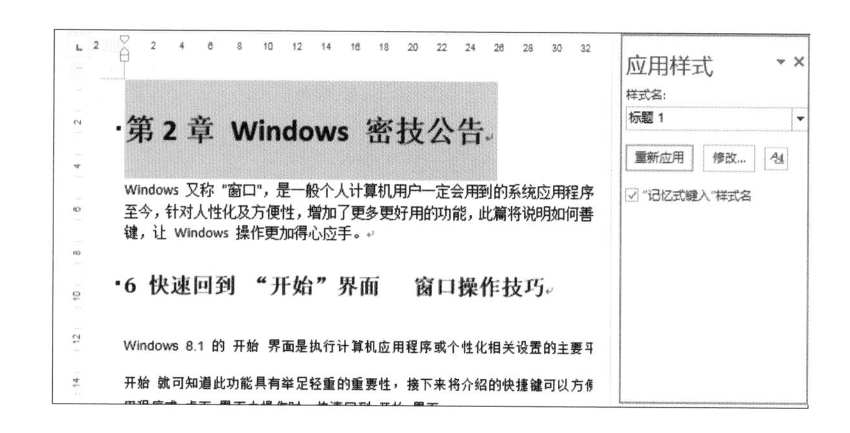

110 查看已应用的样式

样式设计技巧

为了让文件方便阅读，需要运用一些文字及段落的编辑技巧，只是一份文件在重复编辑后，往往搞不清楚该字符或段落到底是应用了哪些设置，此时可以使用两个按键快速打开 **样式** 任务窗格，方便查看具体的设置值。

招式说明

Shift + F1 = 打开 [样式] 任务窗格查看已应用的样式

速学流程

1. 选取欲查看格式的段落文字。
2. 按 Shift + F1 组合键，即可在窗口右侧打开 **样式** 任务窗格，一一显示已套用的格式设置值。

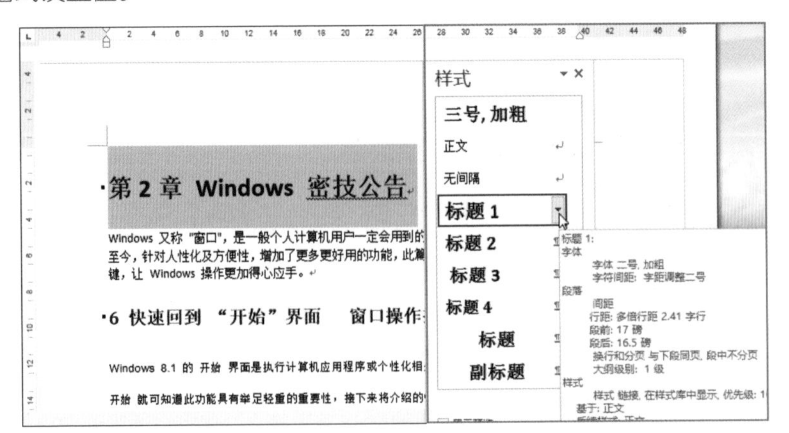

移至上页或下页的顶端

长文件制作技巧

当文件为多页面时，只用鼠标滚轮滚动页面常会花上些时间，也常会在滚动时错过信息，搭配以下组合键的使用，可以将插入点快速移动至上一页或下一页的顶端，增加文件编辑的便利性。

招式说明

Ctrl + PageUp = 移至上一页顶端

Ctrl + PageDown = 移至下一页顶端

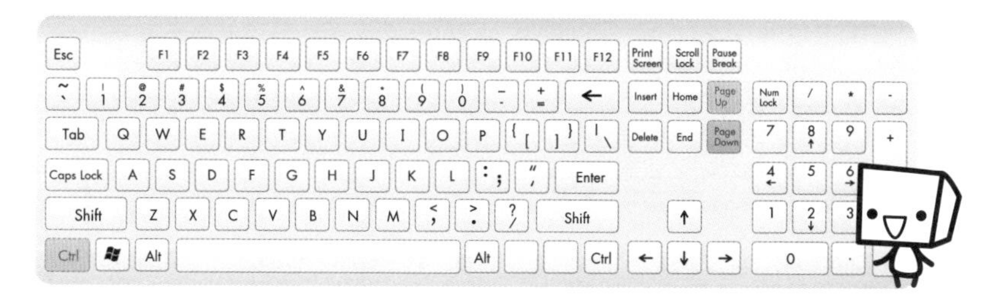

速学流程

1. 假设插入点目前置于文件第 2 页中间。
2. 按 Ctrl + PageUp 组合键，插入点即会移至第 1 页最上方；若按 Ctrl + PageDown 组合键，插入点即会从第 2 页中间，移至第 35 页最上方。

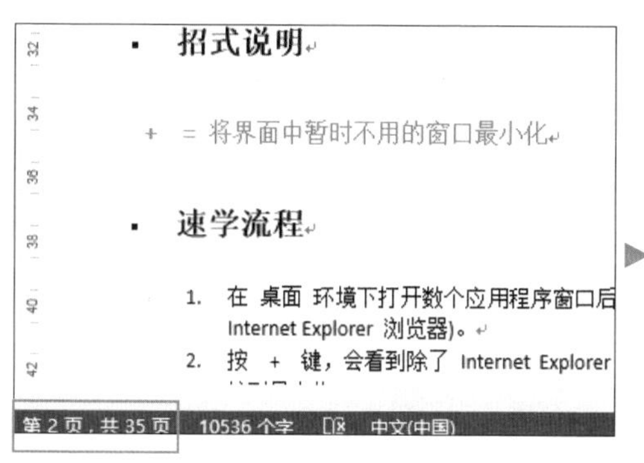

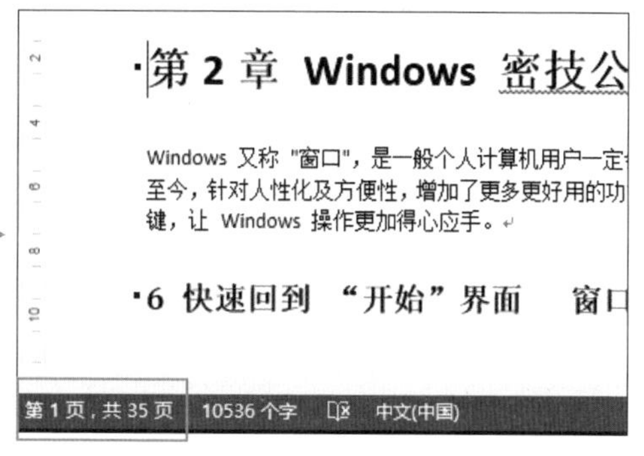

112 移至文章开头或结尾

长文件制作技巧

遇到内容有好几十页的研究报告、说明书等长文件时，因为编辑修改而必须移到文件的最前方或最后方，不必再忙着滚动页面至开头或结尾，两个按键就能快速移动。

招式说明

Ctrl + Home = 移至文章开头

Ctrl + End = 移至文章结尾

速学流程

1. 确认插入点在文件中的任意处。
2. 按Ctrl + Home 组合键，插入点即会移至文章最前方；若按Ctrl + End 组合键，插入点即会移至文章最后方。

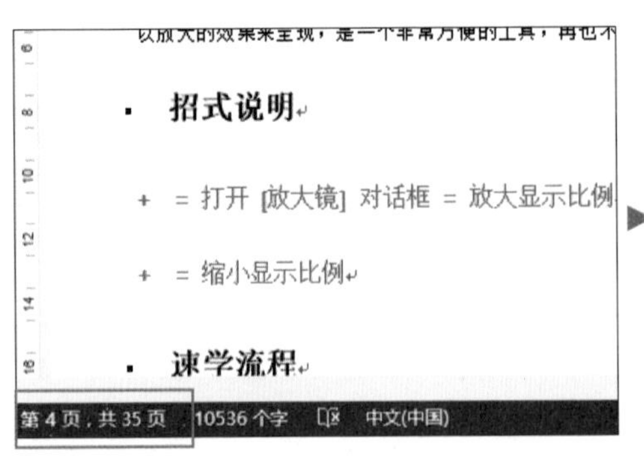

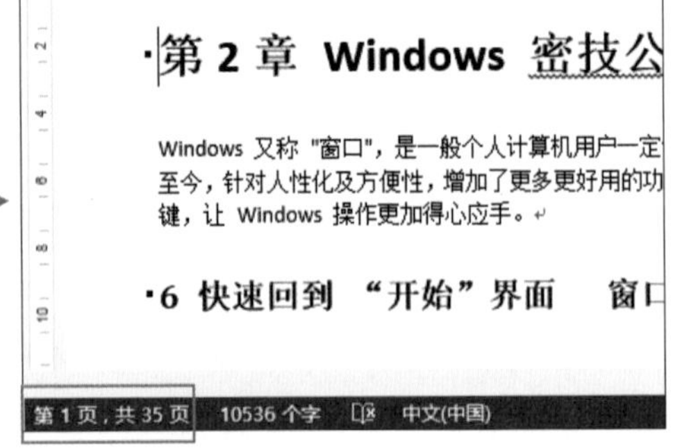

113 在文章中强制分页

长文件制作技巧

Word 会依照版面的设定，将文件自动分成一页一页显示，但有时为了版面编排需求，必须将文件的某部分“强制”移至下一页，这时就必须依赖分页的设置，以求版面在编排上更加灵活，符合实际需求。

招式说明

Ctrl + Enter = 强制分页

速学流程

1. 将插入点移至欲进行分页的段落文字之后。
2. 按Ctrl + Enter 组合键，插入点所在位置会出现分页符，而之后的所有内容则移至下一页。

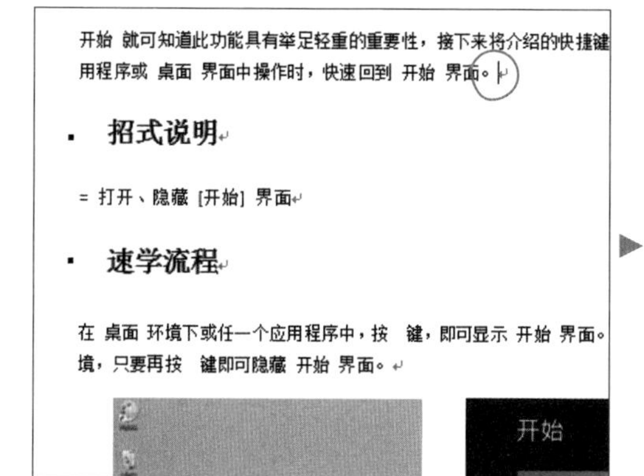

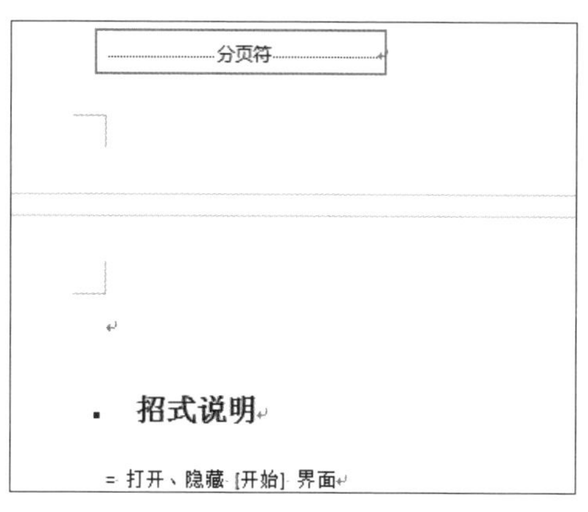

在文章中强制分栏

长文件制作技巧

除了可以利用强制分页的功能弹性调整页面内容外，若在执行多栏式的文件编辑时，也可以“指定”分栏符出现的位置，让分栏的内容不仅达到节省版面的目的，且更方便阅读。

招式说明

Ctrl + Shift + Enter = 强制分栏

速学流程

1. 将插入点移至欲进行分栏的段落文字中。
2. 按Ctrl + Shift + Enter 组合键，插入点所在位置会出现分栏符，而之后的文字则会被强制排入下一栏。

内容创新……分节符(连续)……

相对于研究型本科院校注重理论知识和厚基础、宽专业的特
以社会实际需要为核心目标，在培养学生全面扎实的基本知识的
际应用能力和创新能力，人才培养过程更是要突出学生实践能力
练。

编写适用于应用型人才培养的教材，重点在于培养学生的实
用为主、必须和够用为度”的原则，将基本技能贯穿教学的始终
强教材的实操性，提高学生的动手能力。重点教材要有相配套的
验指导、综合实训、课程设计指导等。……分节符

模式创新

▶

实的基本知识的前提下，重点培养
际应用能力和创新能力，人才培养
要突出学生实践能力、专业技能和
的训练。
适用于应用型人才培养的教材，重
养学生的实践能力，基础理论要贯
为主、必须和够用为度”的原则，
能贯穿教学的始终，加大实践环节
增强教材的实操性，提高学生的动
……分栏符……

模式创新

教材应突破传统
不同课程的特点，采
化”的编写模式，使
络分明，可读性、可
■→ 项目式：即“
的教材编写模式
务”或“多项目
写，学生通过对
学习新知识、提

快速生成文件页码

长文件制作技巧

页码是文件排版过程里一个重要的设置元素，尤其遇到内容较多的文件时，适当地标示页码，一方面可以方便编辑者掌控文件页数；另一方面当浏览者在阅读时，也能通过页码精确了解自己目前所浏览的页面。

招式说明

Alt + Shift + P = 插入文件页码

速学流程

1 将插入点移至欲加入页码的位置。

2 按Alt + Shift + P组合键，插入点所在位置即会出现该页面的页码。

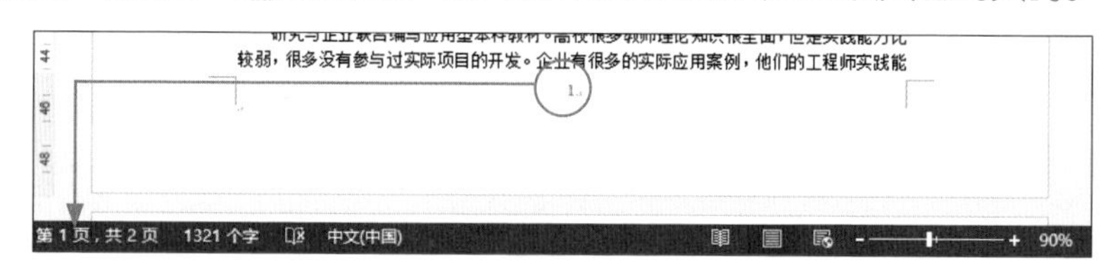

（如果想在文件的每一页产生页码，可以至文件最顶端双击，进入 **页眉区** 与 **页脚区**，可以选择要在上方 **页眉区** 或下方 **页脚区** 生成页码，将插入点移至欲加入页码的位置，同样按Alt + Shift + P 组合键，插入点所在位置即会出现该页面的页码数字。最后再在文件中间内容区双击回到文件中，这样一来整份文件就会在刚刚指定的位置加上页码。）

116 长篇文件目录快速建立

长文件制作技巧

完成整份报告的编排后，如果可以在文件的前面加上目录页，就能够方便阅读者依据目录快速了解这份文件的大略内容，并确切掌握资料所在的页数。

招式说明

先按 Alt，再分别按 S 、 T = 建立目录

速学流程

1. 文件完成章节编排与 **标题 1**、**标题 2**、**标题 3** 等样式应用后，将插入点移到文件中要插入目录的位置。

2. 按 Alt 键，显示索引选项卡的按键提示字母，接着按 S 键，再按 T 键，打开 **目录** 列表，选择合适的目录样式进行套用，这样即完成了目录的建立。

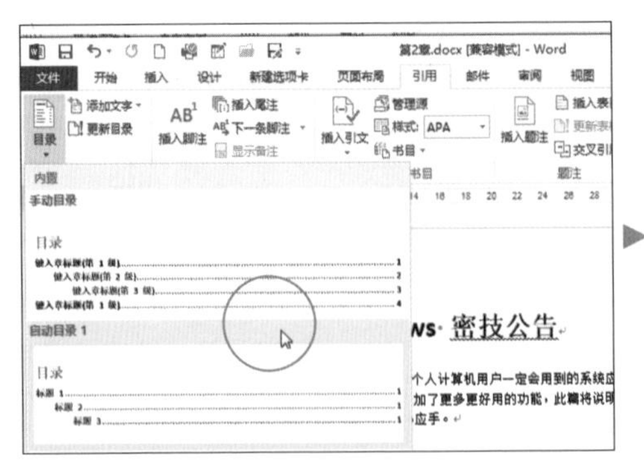

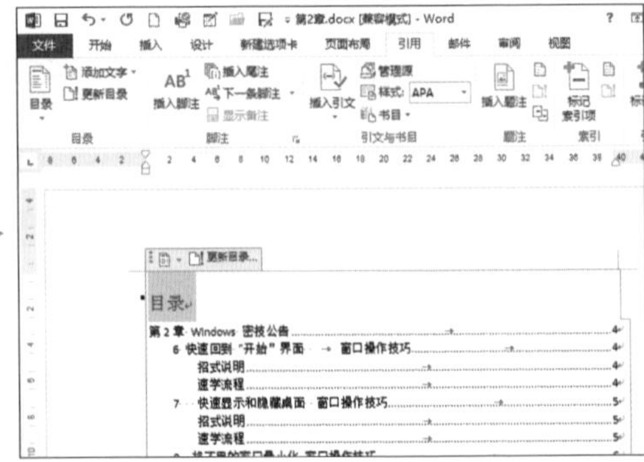

117 长篇文件目录快速更新

长文件制作技巧

创建好的目录，因为修改了文章中的内容，造成章节标题所在页数变动，这时不用大费周章地来回核对、修改，只要一个按键就能快速更新。

招式说明

F9 = 更新目录

速学流程

1. 打开文件后选取欲更新的目录（注意：此目录需要是由 Word **引用** 索引选项卡选按 **目录** 所生成的才能适用，手动一笔笔输入的则无法适用）。
2. 按 F9 键，在 **更新目录** 对话框即可选择选项，进行页码或整个目录的更新。

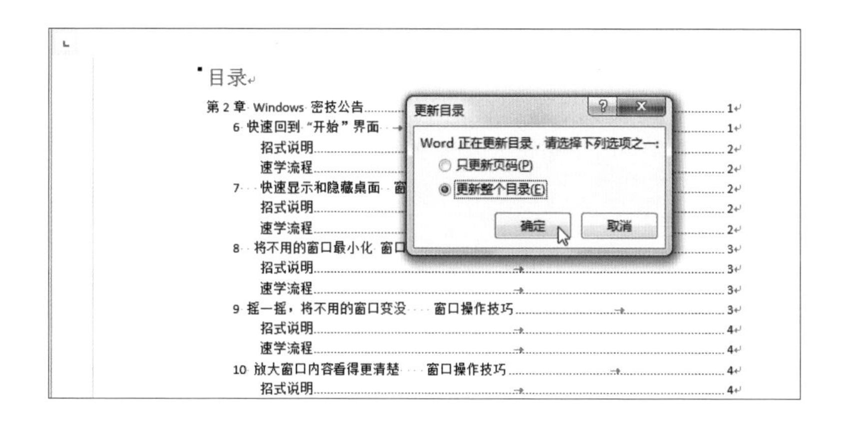

118 利用脚注补充文件额外信息

长文件制作技巧

如果在文件中出现一些专有名词，或是一些需要深入说明的部分，可以利用插入脚注的方式，将这些名词标示起来，再将说明放置在该页的下方，让读者更加深入了解文件内容。

招式说明

Ctrl + Alt + F = 在页面下方插入脚注

速学流程

1. 选取欲插入脚注的文字。
2. 按Ctrl + Alt + F 组合键，被选取的文字右侧会自动加上脚注号码，并且在该页下方新增一个脚注文本编辑区域，可以在该标号后输入批注文字。

大量在线教学平台的出现，对传统教材的出版提出了更多的要求。一是在线资源的积累和完善，建设与教材相配套的微课、慕课¹、习题库等资源。这些资源可以收集作者已有的为我所用，重点教材我们也可适当投入，与优秀作者共同建设。二是线上线下的结合，利用纸质教材提高在线资源的利用率，在教材中加入二维码，直接播放视频或音频，这种形式已经得到很多老师的认可，在以后的教材中会大量出现。

▼

¹ 慕课（MOOC），英文直译"大规模开放的在线课程(Massive Open Online Course)"，是新近涌现出来的一种在线课程开发模式。

1

119 快速统计文章字数

长文件制作技巧

投稿的文章常有篇幅字数的限制，亦或委托某家排版公司帮忙输入文字资料时，必须论字计酬，如果还要一个个字计算，可能真的会算到天昏地暗、眼冒金星……活用这组快捷键，让字数统计超便捷！

招式说明

Ctrl + Shift + G = 统计文章字数

速学流程

1. 打开一份欲计算字数的文件。
2. 按 Ctrl + Shift + G 组合键，即会打开 **字数统计** 对话框，其中会显示详细的统计信息。

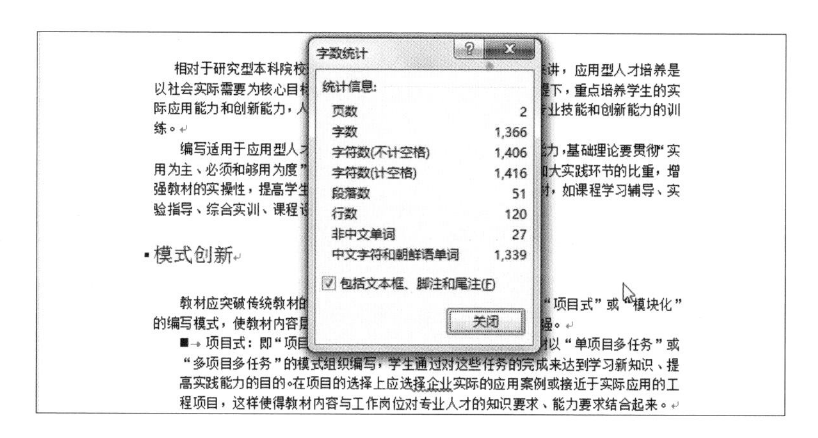

120 切换成 1:1 比例的页面视图

长文件制作技巧

Word 文件默认是以 **页面视图** 编辑文件，呈现的页面状态就是打印出来的效果，因此可以 1:1 地掌控文件质量。若是切换至其他视图状态时，要如何快速切换回来 **页面视图** 调整与编辑呢？

招式说明

Ctrl + Alt + P = 切换至页面视图

速学流程

1. 打开文件（本范例文件是在 **大纲视图** 模式下）。
2. 按 Ctrl + Alt + P 组合键，查看状态即切换至 **页面视图**。

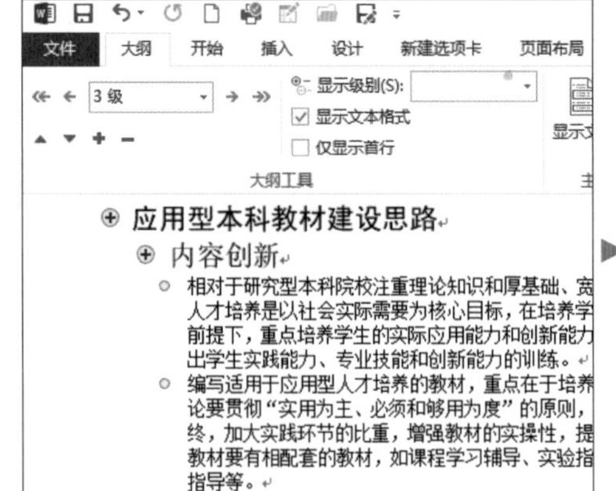

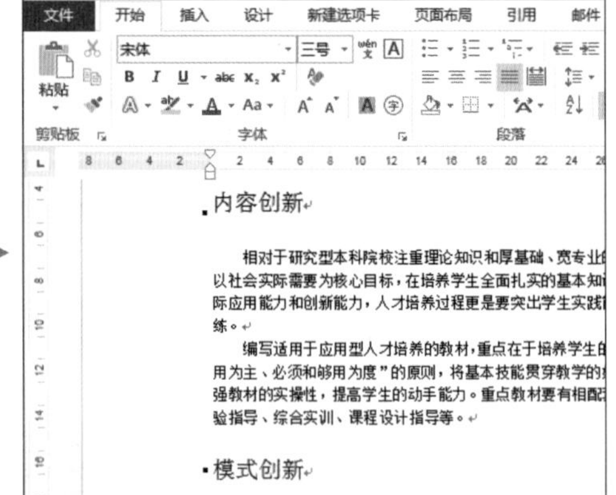

切换成简化版面设置的草稿模式

长文件制作技巧

如果只想单纯显示文字内容，不显示文件中的页边距、标尺、分栏、页眉页脚和图片等时，可以切换至 **草稿模式**，不但执行速度快，更适合进行文字输入、编辑以及文字格式化。

招式说明

Ctrl + Alt + N = 切换至草稿模式

速学流程

1. 打开文件。
2. 按Ctrl + Alt + N 组合键，查看状态切换至 **草稿模式**，可以隐藏垂直标尺、页眉页脚等信息，让编辑区画面简单又方便文字编辑。

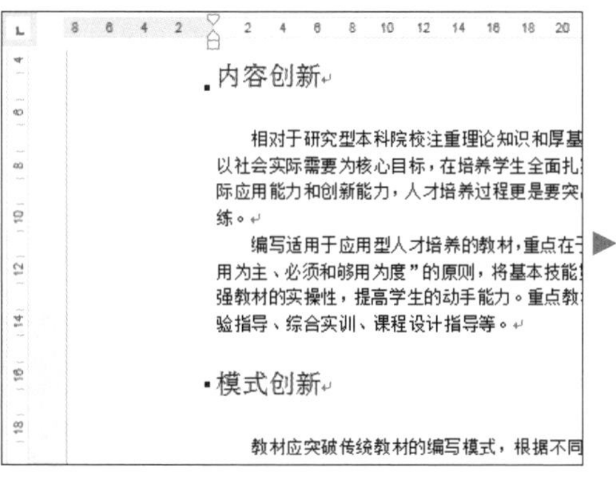

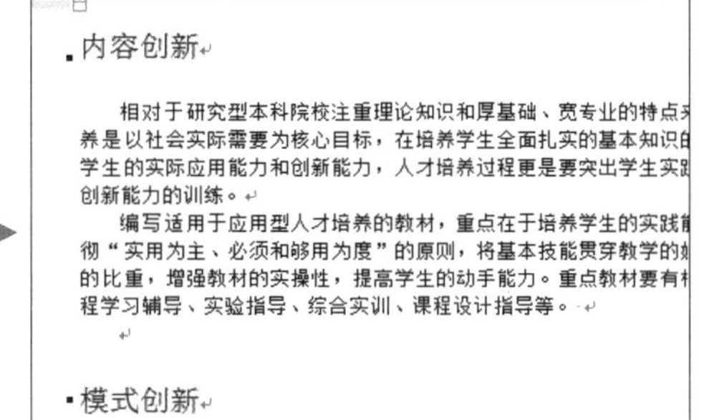

在大纲视图下浏览文件重点标题

长文件制作技巧

一份长篇文件，从头看到尾还不一定能了解整个文件的结构。通过大纲视图，即可以轻松看出文件中各个标题与文字层级之间的关系，同时还可以编辑文件层级与架构。

招式说明

Ctrl + Alt + O = 切换至大纲视图

速学流程

1. 打开文件。
2. 按Ctrl + Alt + O 组合键，查看状态即切换至 **大纲视图**，文件内容即以阶层的方式表现，重点标题也可以一览无遗。

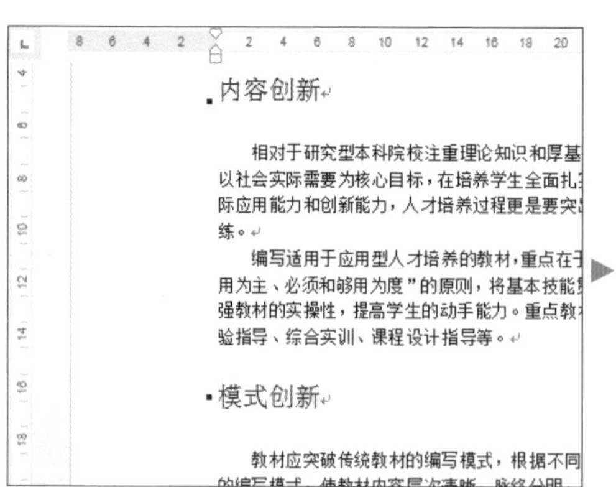

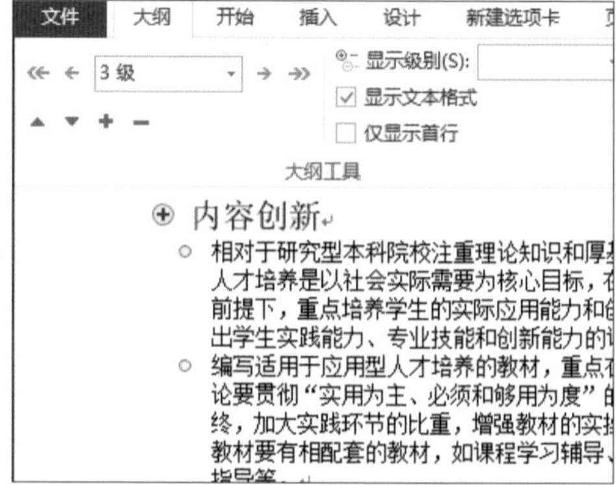

123 多人共享文档请用修订功能

多人共享文档与邮件合并技巧

无论是文章或报告，在多人编辑或校稿的情况下，每次审阅时多少都会有些变动……此时如果运用 **修订** 功能进行审阅，即可将大家在文章各处修改的状态或彼此沟通的内容，通过各种标示与批注进行显示。

招式说明

Ctrl + Shift + E = 打开或关闭 [修订] 功能

速学流程

1. 打开欲执行修订的文件。
2. 按Ctrl + Shift + E 组合键，文件修订功能即会开启进行记录；若再按Ctrl + Shift + E 组合键，则关闭跟踪修订功能。

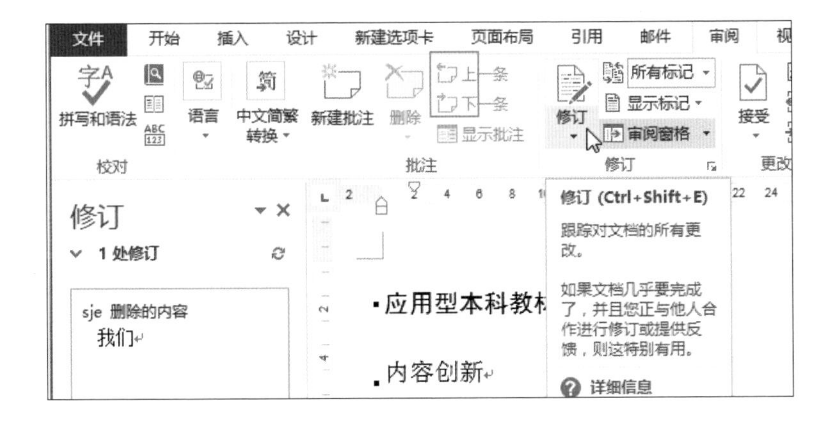

插入批注增加补充说明

多人共享文档与邮件合并技巧

在多人编辑与共享文档时，想要在某段文字另外加上补充说明，就如同平时使用的便利贴一样，**批注** 功能可以将文件出处、待办事项或生怕遗忘而必须处理的内容都记录下来，通过快捷键就能为文件加上批注。

招式说明

Ctrl + Alt + M = 插入批注

速学流程

1. 选取欲增加批注的文字。
2. 按Ctrl + Alt + M 组合键，在左侧的 **修订区域** 马上会以编辑者的名称缩写显示批注方块，输入批注的内容即可完成批注的新增。

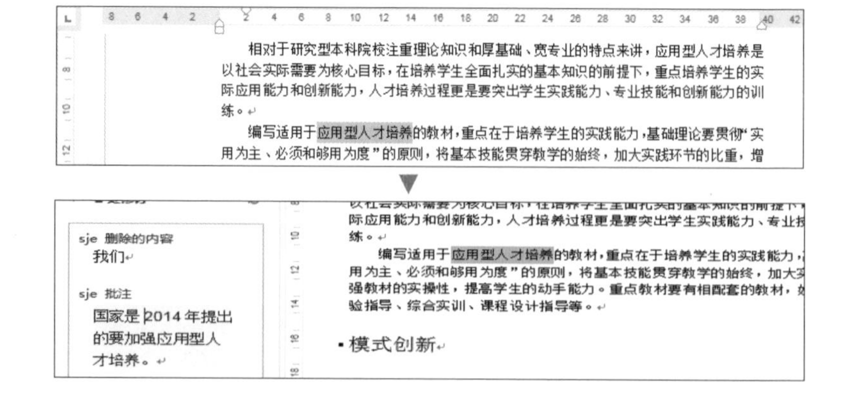

相对于研究型本科院校注重理论知识和厚基础、宽专业的特点来讲，应用型人才培养是以社会实际需要为核心目标，在培养学生全面扎实的基本知识的前提下，重点培养学生的实际应用能力和创新能力，人才培养过程更是要突出学生实践能力、专业技能和创新能力的训练。

编写适用于应用型人才培养的教材，重点在于培养学生的实践能力，基础理论要贯彻"实用为主、必须和够用为度"的原则，将基本技能贯穿教学的始终，加大实践环节的比重，增

▼

sje 删除的内容
我们

sje 批注
国家是2014年提出的要加强应用型人才培养。

际应用能力和创新能力，人才培养过程更是要突出学生实践能力、专业技

练。

编写适用于应用型人才培养的教材，重点在于培养学生的实践能力，

用为主、必须和够用为度"的原则，将基本技能贯穿教学的始终，加大实

强教材的实操性，提高学生的动手能力。重点教材要有相配套的教材，

验指导、综合实训、课程设计指导等。

▪模式创新

125 编辑邮件合并的数据

多人共享文档与邮件合并技巧

如果邮件合并的文件，在与数据源文件完成合并操作后，才发现某个字段内的数据设置错误需要重新调整，这时不用打开数据源文档，通过快捷键的操作就可以直接针对该项数据进行字段的新建、删除、查找等操作。

招式说明

Alt + Shift + E = 打开 [新建地址列表] 对话框编辑邮件合并的数据

速学流程

1. 打开一份已完成邮件合并设定的文件。
2. 再按 Alt + Shift + E 组合键，即会打开 **新建地址列表** 对话框，除了显示字段的详细数据，也提供新建、删除、查找等编辑动作（如果数据源文档不是 Word 文件则无法使用此技巧）。

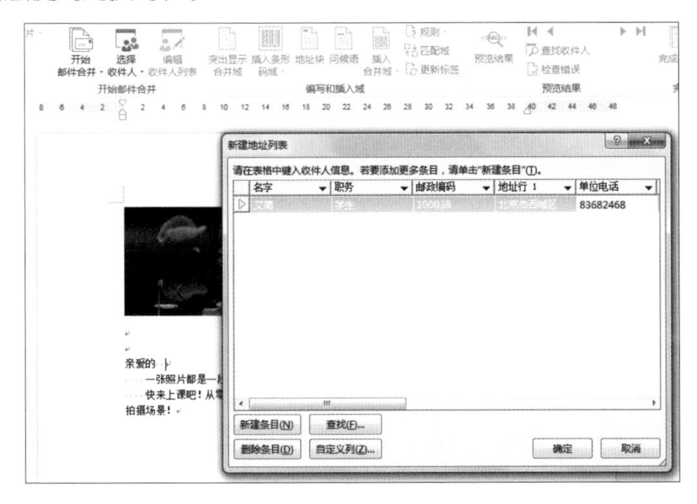

126 合并记录到新文件

多人共享文档与邮件合并技巧

完成合并后的文件，可以将结果转为新的文件进行展示，以下省略任务窗格中编辑单个文档的操作，直接利用快捷键打开对话框，将合并信件以一个新的文件进行生成。

招式说明

Alt + Shift + N = 打开 [合并到新文档] 对话框合并记录到新文档

速学流程

1 打开一份已完成邮件合并设置的文件。

2 按 Alt + Shift + N 组合键，打开 **合并到新文档** 对话框，提供用户执行合并记录的操作。

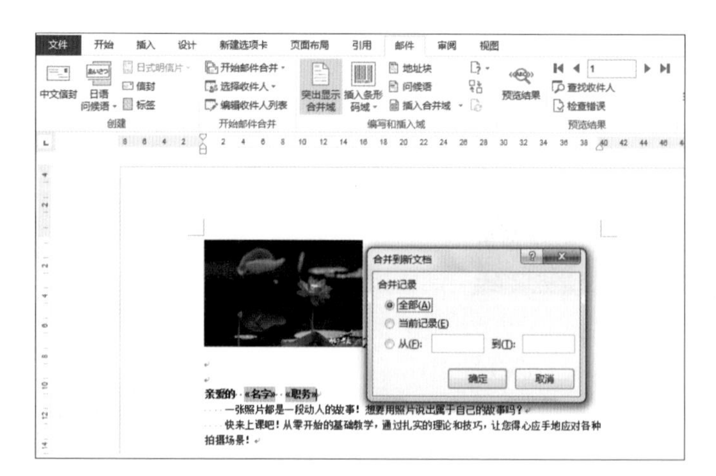

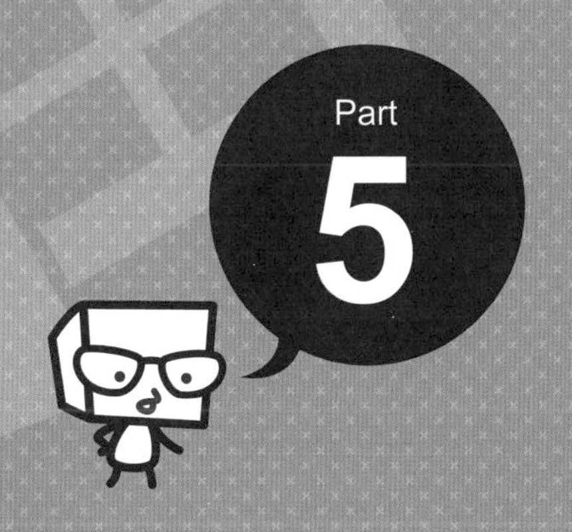

Excel 数据精算速效上手

Excel 的计算及图表能力一直是大家有目共睹的，不论是精准专业的业务报表、出游的预算表、家庭主妇的记账表等都少不了它。但在美化专业之余，有许多不同的设置及对话框常让人耗费不少时间，现在就赶快来看看，如何使用又快又方便的各种小技巧。

插入空白单元格或整行、整列

单元格与工作表操作技巧

啊！刚才漏了一项数据怎么办？在输入的时候难免会遗漏一些信息，将数据乾坤大挪移好像又有些浪费时间！其实只要按这组快捷键再选择希望插入单元格或行、列，就可以轻松完成插入的动作。

招式说明

Ctrl + Shift + ± = 插入空白单元格或整行、整列

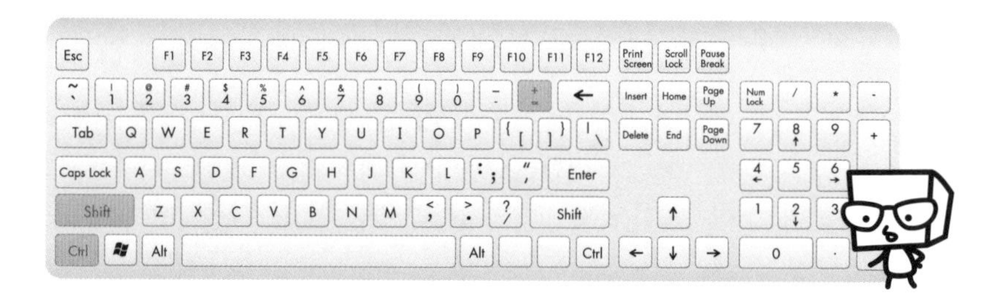

速学流程

1 选取欲新增的空白单元格，或上方要新增一行或左侧要新增一列的单元格，按 Ctrl + Shift + ± 组合键，在打开的对话框中选择合适的插入选项再单击 **确定** 按钮。

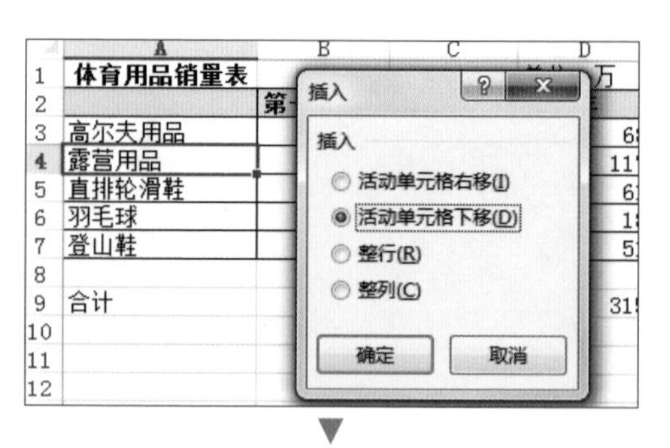

2 插入的项目就会依选择的插入方式出现在工作表中。

	A	B	C	D
1	体育用品销量表			单位：万
2		第一年	第二年	第三年
3	高尔夫用品	44	83	
4				
5	露营用品	63	71	1
6	直排轮滑鞋	28	49	
7	羽毛球	27	43	
8	登山鞋	48	46	

128 删除单元格或整行、整列

单元格与工作表操作技巧

上一页说明如何快速插入单元格或行、列，但若是发现其他地方的数据又多了几笔出来，如何快速删除？赶快按这组快捷键，再选择希望删除的单元格或行、列，就可以很快删除多余的项目。

招式说明

Ctrl + - = 删除单元格或整行、整列

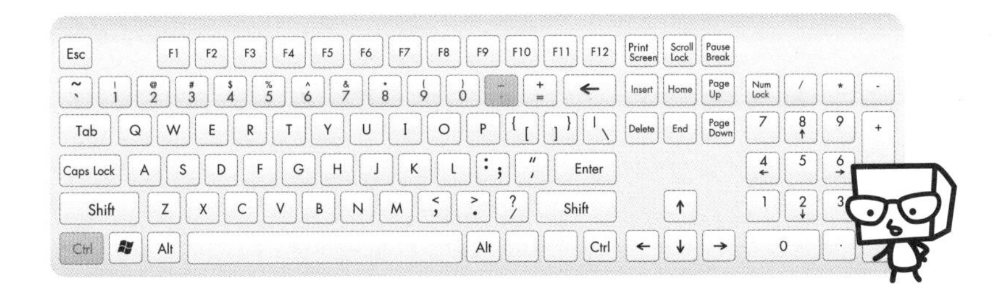

速学流程

1 选取要删除的单元格或行、列，按 Ctrl + - 组合键，在打开的对话框中选择合适的删除选项再单击 **确定** 按钮。

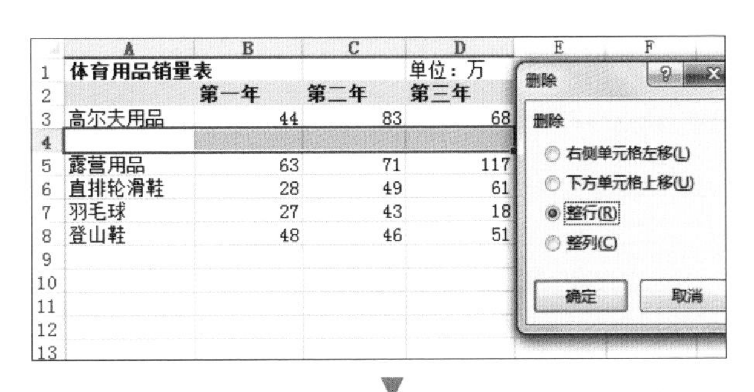

	A	B	C	D
1	体育用品销量表			单位：万
2		第一年	第二年	第三年
3	高尔夫用品	44	83	68
4				
5	露营用品	63	71	117
6	直排轮滑鞋	28	49	61
7	羽毛球	27	43	18
8	登山鞋	48	46	51

▼

2 单元格就会依选择的删除项目进行调整。

	A	B	C	D
1	体育用品销量表			单位：万
2		第一年	第二年	第三年
3	高尔夫用品	44	83	68
4	露营用品	63	71	117
5	直排轮滑鞋	28	49	61
6	羽毛球	27	43	18
7	登山鞋	48	46	51

129 用方向键移动到特定单元格

单元格与工作表操作技巧

修改单元格的数据时，习惯会用鼠标的方式进行选按，只是当修改内容过多时，不可能连移到相邻的单元格都通过鼠标选按，如此岂不是太没效率了？！此时直接按键盘上的方向键，就能在单元格间任意移动！

招式说明

↑、↓、←、→ = 在工作表中上、下、左、右移动一个单元格

速学流程

1. 选取工作表中任一单元格。
2. 接着利用键盘上的方向键，一次以一个单元格为单位，或上下或左右地移动到想要修改的单元格即可（此范例为按 → 键向右移动）。

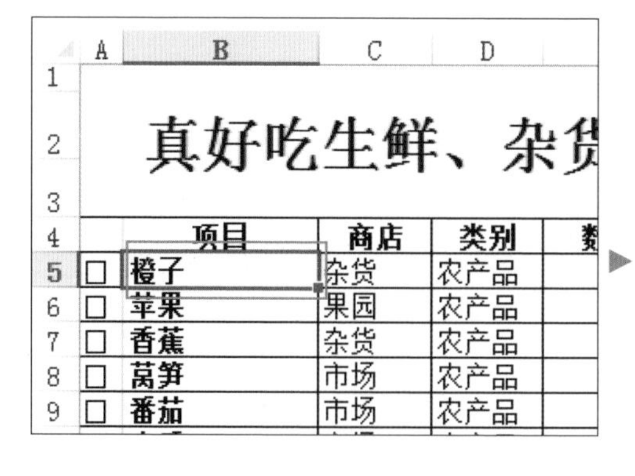

	A	B	C	D
1				
2		真好吃生鲜、杂		
3				
4		项目	商店	类别
5	☐	橙子	杂货	农产品
6	☐	苹果	果园	农产品
7	☐	香蕉	杂货	农产品
8	☐	莴笋	市场	农产品
9	☐	番茄	市场	农产品

▶

	A	B	C	D
1				
2		真好吃生鲜、杂		
3				
4		项目	商店	类别
5	☐	橙子	杂货	农产品
6	☐	苹果	果园	农产品
7	☐	香蕉	杂货	农产品
8	☐	莴笋	市场	农产品
9	☐	番茄	市场	农产品

130 快速移到工作表中数据的边缘

单元格与工作表操作技巧

在一个包含千笔数据的工作表中，如果想要编辑最后一行的总计或已经编辑到最下方可是需要回到标题栏，常常要大费周章地使用鼠标滚动页面或不停地按方向键，以下这一组快捷键可以节省许多时间，马上解决您的问题。

招式说明

Ctrl + ↑、↓、←、→ = 移到工作表中数据的边缘

速学流程

1 选取工作表中有数据内容的任一单元格，再按 Ctrl + ↑ 组合键（依工作表内容可能有时需多按几下）。

	A	B	C	D	E
1				导游领队实务班	期中
2					
3	学号	姓名	航空票务	国际礼仪	导览解说
4	1	林雨岑	91	82	50
5	2	吕淑芬	76	83	80
6	3	李婷婷	88	62	68
7	4	林育南	75	61	55
8	5	邱玉婷	30	98	77

▼

2 活动单元格就会往上移动到数据内容最上方的一笔数据。

（同理，按一下 Ctrl + ↓、←、→ 组合键，即可找到以该单元格往下、往左、往右的最后一笔数据。）

	A	B	C	D	E
1				导游领队实务班	期中
2					
3	学号	姓名	航空票务	国际礼仪	导览解说
4	1	林雨岑	91	82	50
5	2	吕淑芬	76	83	80
6	3	李婷婷	88	62	68
7	4	林育南	75	61	55
8	5	邱玉婷	30	98	77

131 往左右单元格继续输入数据

单元格与工作表操作技巧

在单元格输入数据后习惯按 Enter 键，但活动单元格会往下移，这样进行横向数据的输入时就变得很不方便。如果希望编辑完成后跳到右侧的单元格继续输入或跳回到左侧的单元格进行修改，这时只要按这组快捷键就可以了。

招式说明

Tab = 向右移动一个单元格

Shift + Tab = 向左移动一个单元格

速学流程

1. 在工作表中，输入数据后直接按 Tab 键。
2. 就会由正在使用的单元格移动到右侧的单元格继续编辑（按 Shift + Tab 组合键就能移动到左侧单元格）。

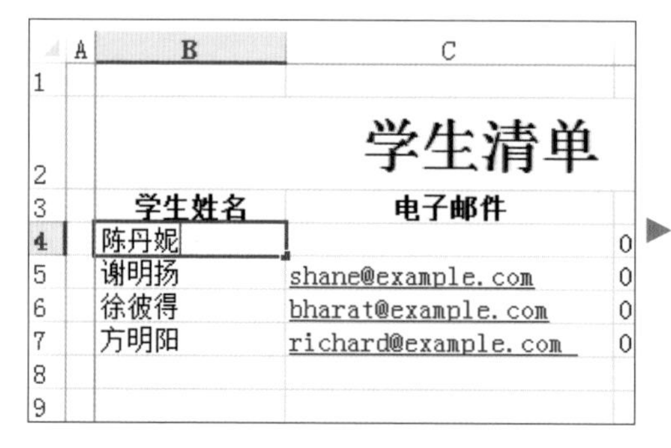

	A	B	C
1			
2			学生清单
3		学生姓名	电子邮件
4		陈丹妮	
5		谢明扬	shane@example.com
6		徐彼得	bharat@example.com
7		方明阳	richard@example.com
8			
9			

	A	B	C
1			
2			学生清单
3		学生姓名	电子邮件
4		陈丹妮	david@example.com
5		谢明扬	shane@example.com
6		徐彼得	bharat@example.com
7		方明阳	richard@example.com
8			
9			

往上下单元格继续输入数据

单元格与工作表操作技巧

上一技巧主要说明数据编辑时往左右单元格移动的方法，如果输入是自上而下的编辑模式时，移动方法就要按下方这组快捷键，来达到快速而不需要离开键盘主要打字区的编辑状态。

招式说明

Enter = 向下移动一个单元格

Shift + Enter = 向上移动一个单元格

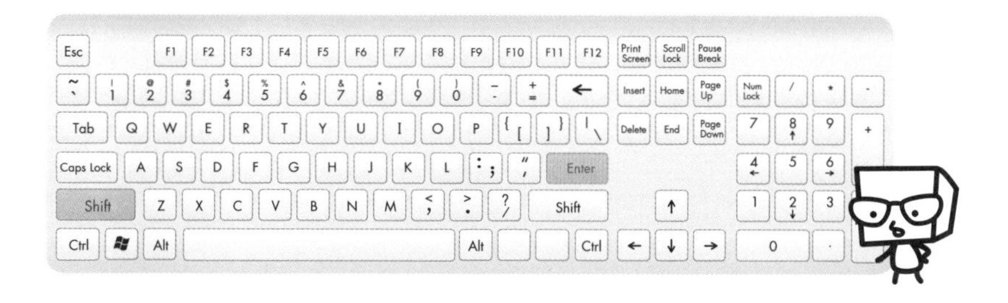

速学流程

1. 在工作表中，输入数据后直接按 Enter 键。
2. 就会由正在使用的单元格移动到下方的单元格继续编辑（按 Shift + Enter 组合键就能移动到上方单元格）。

	A	G	H	I
1				
2				移
3		紧急联络人	紧急联络电话	医师
4			010-6555 0130	刘石分
5		谢博纳	010-6555 0131	李亚丽
6		徐马丁	010-6555 0132	余约翰
7		方庭生	010-6555 0133	卓马丁
8				

▶

	A	G	H	I
1				
2				移至
3		紧急联络人	紧急联络电话	医师
4		陈珍菲	010-6555 0130	刘石分
5		谢博纳	010-6555 0131	李亚丽
6		徐马丁	010-6555 0132	余约翰
7		方庭生	010-6555 0133	卓马丁
8				

133 一次选取含有数据的单元格

单元格与工作表操作技巧

如果想要选取一个较大的工作表，甚至有可能会超出页面，多半会移动鼠标再滚动页面来进行选择，但碰到上千笔、上万笔数据的工作表可就麻烦了！通过快捷键可以自动侦测到含有数据的单元格，并且一次选取。

招式说明

Ctrl + Shift + * 8 = 一次选取含有数据的单元格

速学流程

1. 在工作表中选取任一单元格，按 Ctrl + Shift + * 8 组合键。
2. 目前含有数据的单元格区域就会全部被选取（如果数据中遇到空白行或空白列时，选取的单元格范围就会以空白行列内所包含的范围为主）。

	A	B	C	D
1	体育用品销量表			单位：万
2		第一年	第二年	第三年
3	高尔夫用品	44	83	68
4	露营用品	63	71	117
5	直排轮滑鞋	28	49	61
6	羽毛球	27	43	18
7	登山鞋	48	46	51
8				
9	合计	210	292	315
10				

▶

	A	B	C	D
1	体育用品销量表			单位：万
2		第一年	第二年	第三年
3	高尔夫用品	44	83	68
4	露营用品	63	71	117
5	直排轮滑鞋	28	49	61
6	羽毛球	27	43	18
7	登山鞋	48	46	51
8				
9	合计	210	292	315
10				

134 快速全选指定行、列内的数据

单元格与工作表操作技巧

选取单元格，除了运用 Ctrl 或 Shift 键来进行选取外，以下这组快捷键可以利用某一个单元格作为角落起始点，快速往左或往右及往上或往下延伸选取范围到目前行、列内有数据的单元格处形成选取区域。

招式说明

Ctrl + Shift + 方向键 = 以指定单元格为起点进行行列内的数据选取

速学流程

1. 在工作表中，选取想要形成选取范围角落起始点的单元格。

2. 按 Ctrl + Shift + → 组合键，先向右选取至数据最右侧，接着按 Ctrl + Shift + ↑ 组合键，往上选取至数据最上方，如此就能形成一个矩形范围的选取区域。

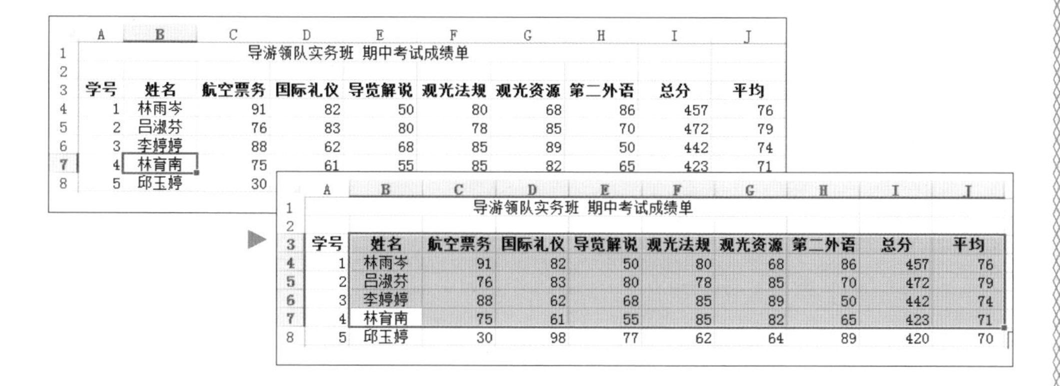

导游领队实务班 期中考试成绩单

学号	姓名	航空票务	国际礼仪	导览解说	观光法规	观光资源	第二外语	总分	平均
1	林雨岑	91	82	50	80	68	86	457	76
2	吕淑芬	76	83	80	78	85	70	472	79
3	李婷婷	88	62	68	85	89	50	442	74
4	林育南	75	61	55	85	82	65	423	71
5	邱玉婷	30	98	77	62	64	89	420	70

135 弹性延伸选取单元格

单元格与工作表操作技巧

利用快捷键可以打开或关闭 **延伸选取** 模式，在此模式下可以指定一个单元格作为选取区的角落起始点，再配合方向键轻松达成延伸选取单元格范围的操作！

招式说明

F8 = 打开或关闭延伸选取单元格模式

速学流程

1. 在工作表中，选取想要形成选取范围角落起始点的单元格，按 F8 键，此时状态栏会看到 **延伸选取** 文字，表示目前已开启为 **延伸选取** 模式。

2. 接着搭配 ↑、↓、←、→ 方向键就可以延伸选取单元格范围，完成选取后只要再按一次 F8 键就会关闭 **延伸选取** 模式。

9	6	庄晓晔	76	75	44	83	62	85	425
10	7	徐敏婷	62	87	61	93	76	84	463
11	8	车梦宇	65	62	50	85	38	43	343
12	9	黄雅婷	87	91	65	82	90	85	500
13	10	童冠华	72	52	63	62	73	78	400
14	11	黄筱美	85						
15	12	刘美华	66						

期中考

就绪 延伸选取

9	6	庄晓晔	76	75	44	83	62	85	425
10	7	徐敏婷	62	87	61	93	76	84	463
11	8	车梦宇	65	62	50	85	38	43	343
12	9	黄雅婷	87	91	65	82	90	85	500
13	10	童冠华	72	52	63	62	73	78	400
14	11	黄筱美	85	76	63	81	88	82	475
15	12	刘美华	66	75	68	64	62	78	413

期中考

就绪 延伸选取

136 选取整个工作表

单元格与工作表操作技巧

如果想要选取工作表内的数据进行设定时，除了通过鼠标拖拽的方式，还可以利用快捷键的方式，快速选取“整个工作表”，进行整体的格式化。

招式说明

Ctrl + A = 选取整个工作表

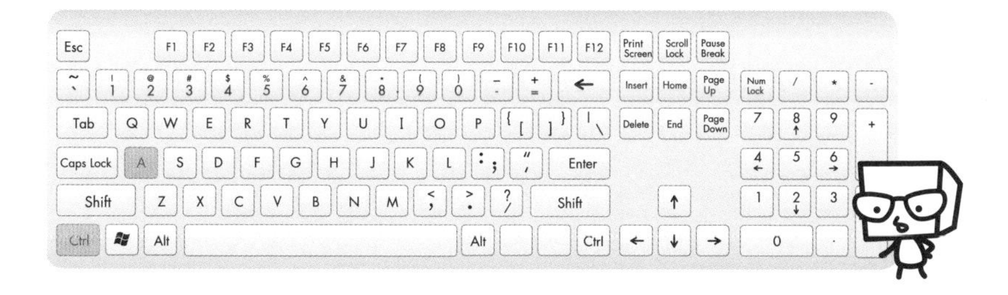

速学流程

1 在欲选取的工作表内，选取任一个空白单元格。

2 按 Ctrl + A 组合键，会直接选取整个工作表。

（如果选取含有数据的单元格时，按一下 Ctrl + A 组合键，仅会选取目前的数据范围；按第二下 Ctrl + A 组合键，则会选取目前数据范围及列抬头；按第三下 Ctrl + A 组合键，则会选取整个工作表。）

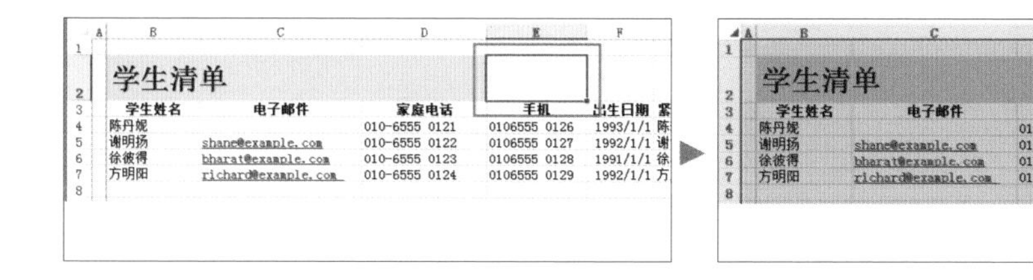

137 打开新工作表

单元格与工作表操作技巧

Excel 工作簿中，预设只有一个工作表，报表太多而不够使用或者为了方便区别不同属性的数据表而需要新增工作表时，可以试试这组快捷键。

招式说明

Alt + Shift + F1 = 插入新的工作表

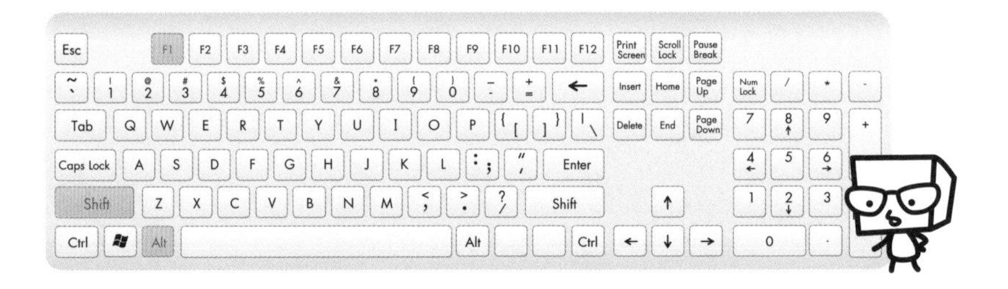

速学流程

1. 在要新增工作表的工作簿，按 Alt + Shift + F1 组合键。
2. 工作簿中就会插入一个新的工作表。

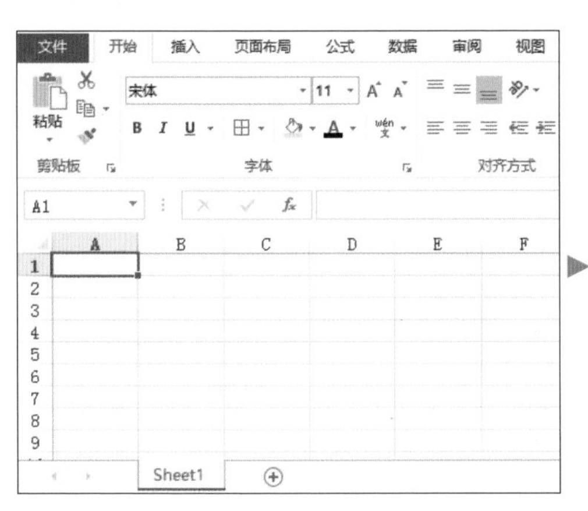

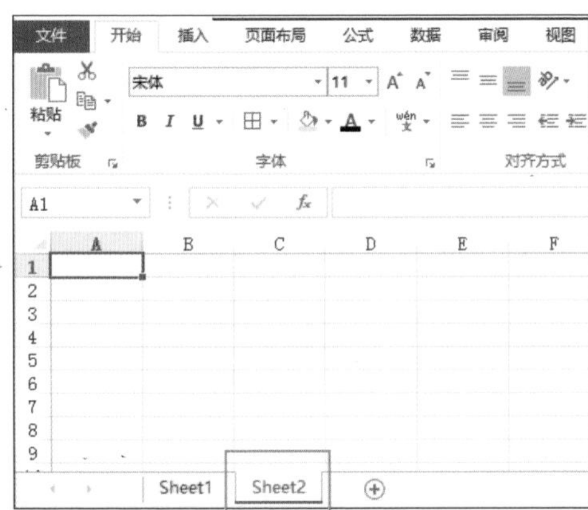

138 打开新工作簿

单元格与工作表操作技巧

在对工作簿进行操作的过程中，如果想要另外新增一个空白工作簿，除了可以选按菜单栏的 **文件** 索引选项卡→**新建** 增加外，利用快捷键可以省去层层选按的操作，快速建立新工作簿。

招式说明

Ctrl + N = 建立新的工作簿（空白文档）

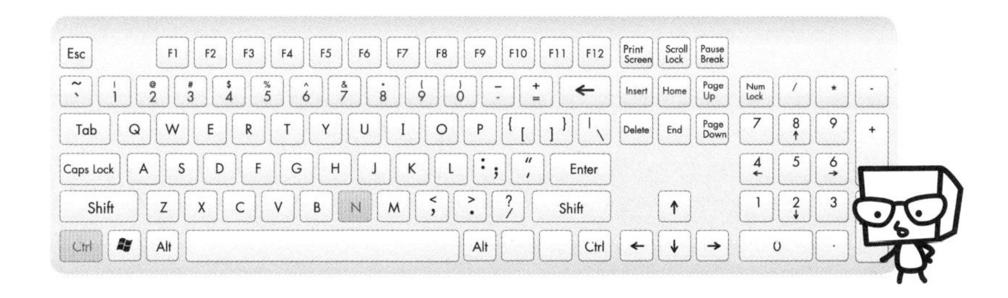

速学流程

1 在打开的工作簿中，按 Ctrl + N 组合键。

2 即会打开另一个新的工作簿（空白文档）。

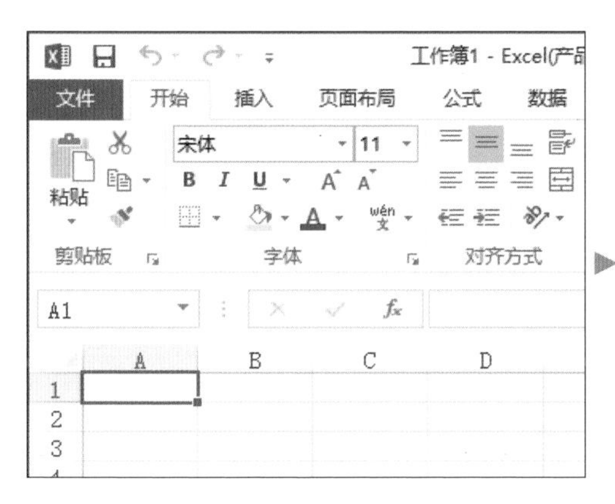

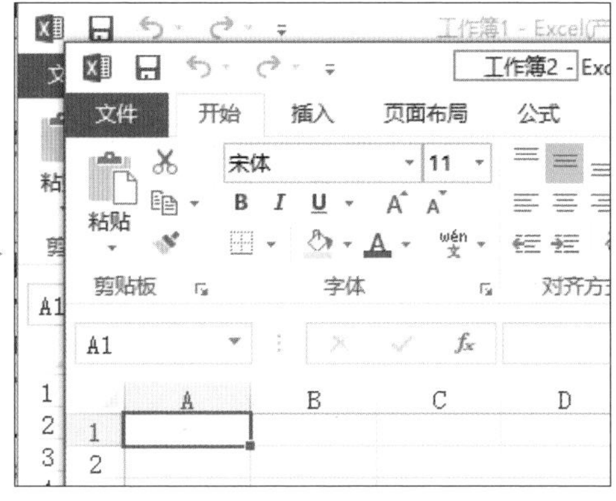

Excel 数据精算速效上手

139 重命名目前的工作表

单元格与工作表操作技巧

工作表如果想要重新命名，其实只要将鼠标指针移到工作表的名称上，双击鼠标左键就可以输入新的名称。

招式说明

在工作表名称上双击左键 = 重命名目前的工作表

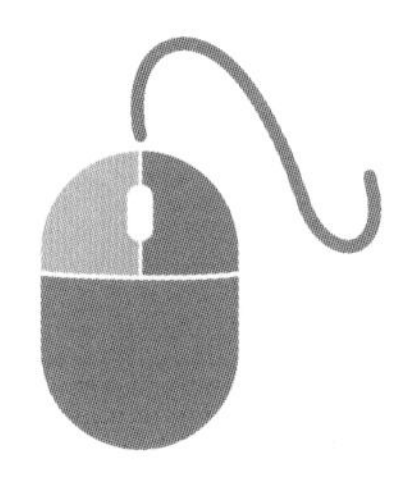

速学流程

1. 选取欲更改名称的工作表。
2. 在工作表名称上双击左键，工作表名称呈现输入状态，此时即可输入新名称。

	A	B	C	D
1	国民旅游目的地			
2	年份	欧洲	日本	韩国
3	2012	2,846,572	1,136,394	723,26
4	2013	2,739,055	1,360,300	822,72
5	增长率（%）	-3.78	19.70	13.75
6				
7				
8				
9				

Sheet1

▶

	A	B	C	D
1	国民旅游目的地			
2	年份	欧洲	日本	韩国
3	2012	2,846,572	1,136,394	723,26
4	2013	2,739,055	1,360,300	822,72
5	增长率（%）	-3.78	19.70	13.75
6				
7				
8				
9				

人数统计

140 切换工作表

单元格与工作表操作技巧

进行数据表计算或比较数据的时候，常常会需要在多个不同的工作表间进行切换，现在就赶快来试试这一组好用的工作表切换快捷键吧！

招式说明

Ctrl + PageDown = 切换到下一个工作表

Ctrl + PageUp = 切换到上一个工作表

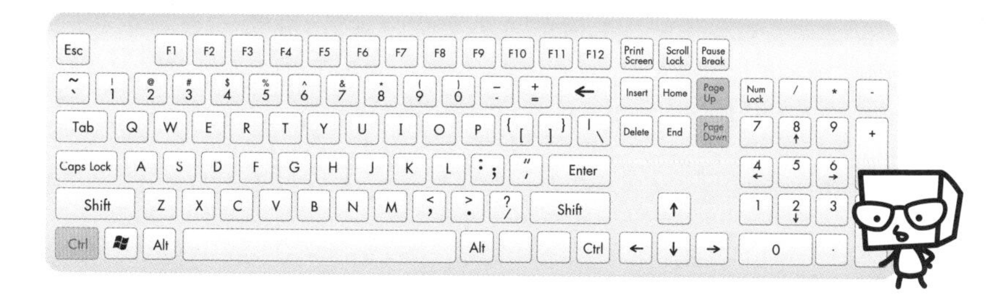

速学流程

1 在工作表中，按 Ctrl + PageDown 组合键，会切换到下一个工作表。

2 再按 Ctrl + PageUp 组合键，就能切换到上一个工作表。

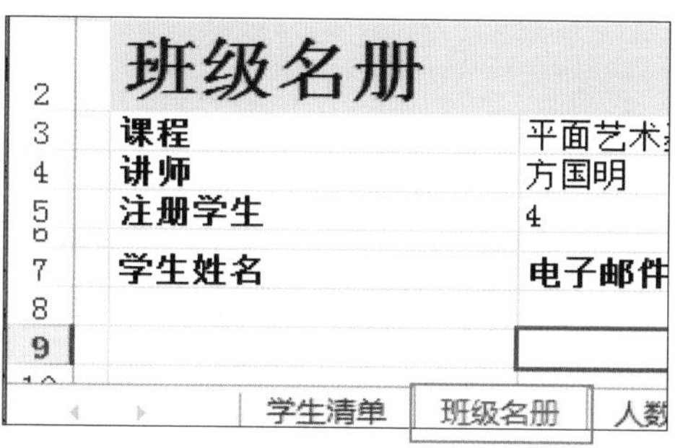

141 切换工作簿窗口

单元格与工作表操作技巧

从同事或主管那里拿到很多个不同的 Excel 工作簿文件，要一一进行比对，而在工作簿中切换来切换去真的好麻烦！这时使用快捷键可以快速且方便地在各个工作簿中切换。

招式说明

Ctrl + F6 = 切换工作簿窗口

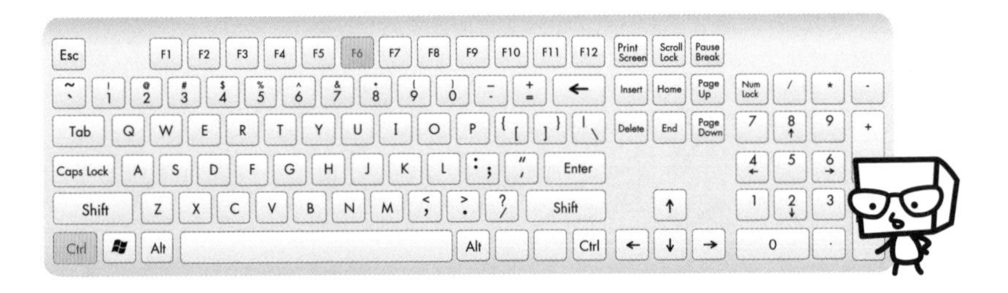

速学流程

1 打开一个以上的工作簿，按 Ctrl + F6 组合键。

2 原本处于工作状态的工作簿就会切换至另一个已打开的工作簿。

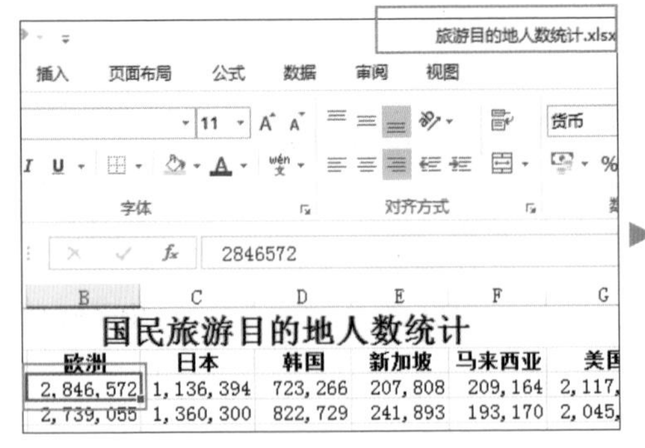

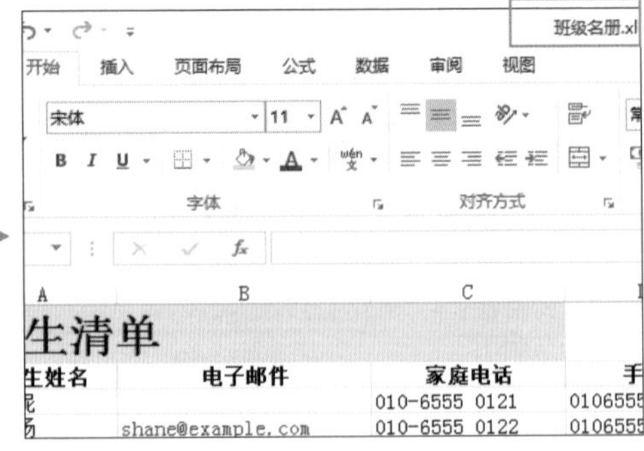

为单元格加上外框线

单元格格式设定技巧

输入数据之后有时为了美观，或是有特别标示的需要，会为单元格加上外框线，进入 **设置单元格格式** 对话框 **边框** 选项卡可以详细指定框线颜色与样式，但若只是要简单快速地加上外框线，可以通过快捷键来设定。

招式说明

Ctrl + Shift + 7 = 为单元格套用外框线

Ctrl + Shift + - = 为单元格取消框线

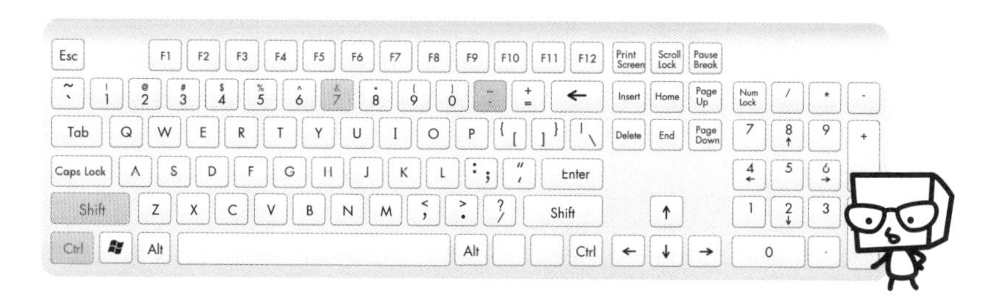

速学流程

1 在工作表中，选取需要加上外框线的单元格范围。

2 按 Ctrl + Shift + 7 组合键，就可以看到该范围周围已经出现外框线（按 Ctrl + Shift + - 组合键就会取消范围内所有的框线设定）。

	A	B	C	D	E	F
1	生活收支明细表					
2						
3	日期	项目	收入	生活支出	固定支出	余额
4	4月1日	四月份工资	32000			32000
5	4月3日	食品采购		2350		29650
6	4月5日	定额基金			6000	23650
7	4月6日	投资收入	2000			25650
8	4月7日	油费		1450		24200
9						

	A	B	C	D	E	F
1	生活收支明细表					
2						
3	日期	项目	收入	生活支出	固定支出	余额
4	4月1日	四月份工资	32000			32000
5	4月3日	食品采购		2350		29650
6	4月5日	定额基金			6000	23650
7	4月6日	投资收入	2000			25650
8	4月7日	油费		1450		24200
9						

143 为单元格加上所有框线

单元格格式设定技巧

单元格除了可以加上外框线，还可以利用快捷键为选取范围内的单元格均加上默认的框线样式。

招式说明

先按 Alt，再分别按 H、B、A = 为单元格套用所有框线

Ctrl + Shift + - = 为单元格取消框线

速学流程

1. 在工作表中，选取需要加上框线的单元格范围。
2. 接着按 Alt 键，再按 H 键，再按 B 键，再按 A 键，就可以看到范围内的单元格均套用了框线（按 Ctrl + Shift + - 组合键就会取消范围内所有的框线设置）。

	A	B	C	D	E	F
1	生活收支明细表					
2						
3	日期	项目	收入	生活支出	固定支出	余额
4	4月1日	四月份工资	32000			32000
5	4月3日	食品采购		2350		29650
6	4月5日	定额基金			6000	23650
7	4月6日	投资收入	2000			25650
8	4月7日	油费		1450		24200
9						

▶

	A	B	C	D	E	F
1	生活收支明细表					
2						
3	日期	项目	收入	生活支出	固定支出	余额
4	4月1日	四月份工资	32000			32000
5	4月3日	食品采购		2350		29650
6	4月5日	定额基金			6000	23650
7	4月6日	投资收入	2000			25650
8	4月7日	油费		1450		24200
9						

改变单元格格式

单元格格式设定技巧

利用这组快捷键进入 **设置单元格格式** 对话框，可以为单元格套用不同的格式类型，不需要再多按其他的索引选项卡，就能让表格呈现专业的设计感。

招式说明

Ctrl + ! = 显示 [设置单元格格式] 对话框

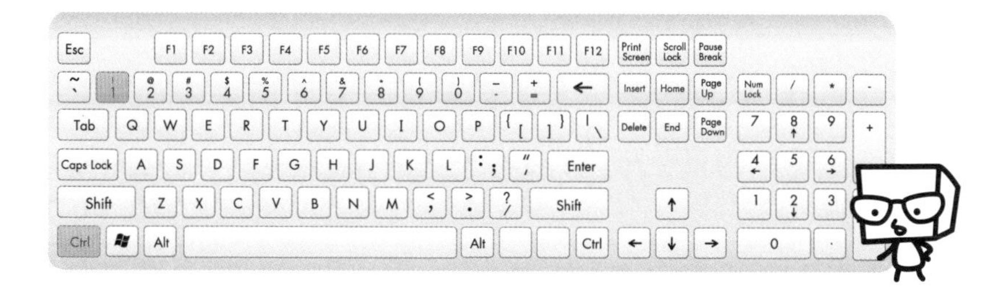

速学流程

1 在工作表中，选取需要变更格式的单元格。

2 按 Ctrl + ! 组合键，即可打开 **设置单元格格式** 对话框进行格式套用、边框、填充、字体等设置。

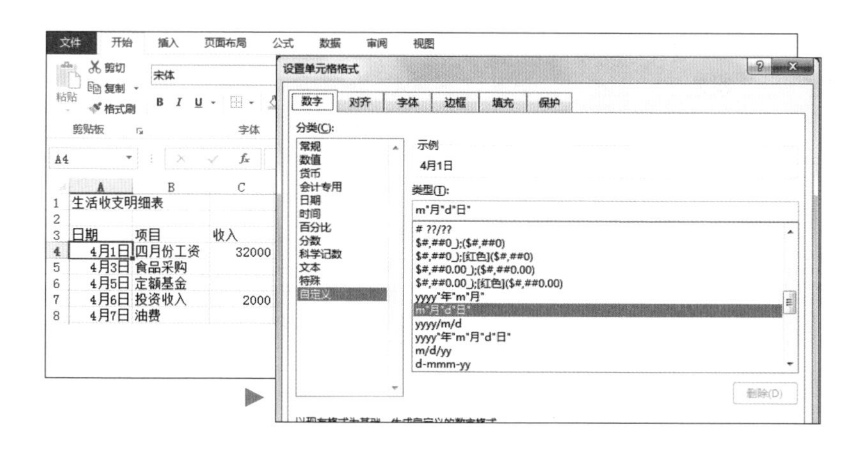

145 套用百分比数值格式

单元格格式设定技巧

不论是在计算业绩、产品销售、意见调查等情况中，都需要了解数值在整个特定区域或群组中所占的比例，现在就来看看如何在输入数据后转换为百分比格式！

招式说明

Ctrl + Shift + % 5 = 为数值套用 [百分比] 格式

速学流程

1. 在工作表中，选取欲变更为百分比格式的单元格。
2. 按 Ctrl + Shift + % 5 组合键，选取范围内的数值都变成百分比格式。

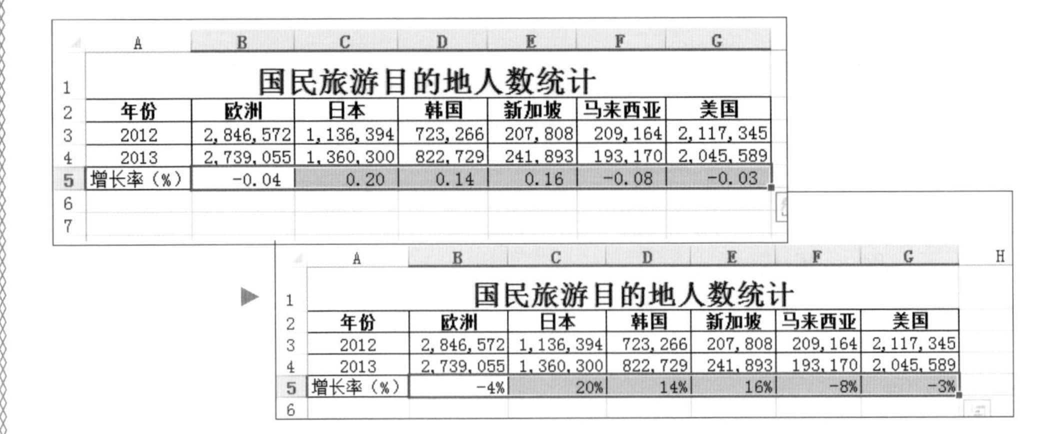

国民旅游目的地人数统计

年份	欧洲	日本	韩国	新加坡	马来西亚	美国
2012	2,846,572	1,136,394	723,266	207,808	209,164	2,117,345
2013	2,739,055	1,360,300	822,729	241,893	193,170	2,045,589
增长率（%）	-0.04	0.20	0.14	0.16	-0.08	-0.03

▶

国民旅游目的地人数统计

年份	欧洲	日本	韩国	新加坡	马来西亚	美国
2012	2,846,572	1,136,394	723,266	207,808	209,164	2,117,345
2013	2,739,055	1,360,300	822,729	241,893	193,170	2,045,589
增长率（%）	-4%	20%	14%	16%	-8%	-3%

146 套用货币（¥）数值格式

单元格格式设定技巧

在工作表中输入了一连串的产品价格或业绩金额数值，却要再进入 **设置单元格格式** 对话框的 **数字** 选项卡中一一设定修改为货币格式，是不是很麻烦呢？快来试试这一组好用的快捷键。

招式说明

Ctrl + Shift + $4 = 为数值套用（¥）符号的 [货币] 格式

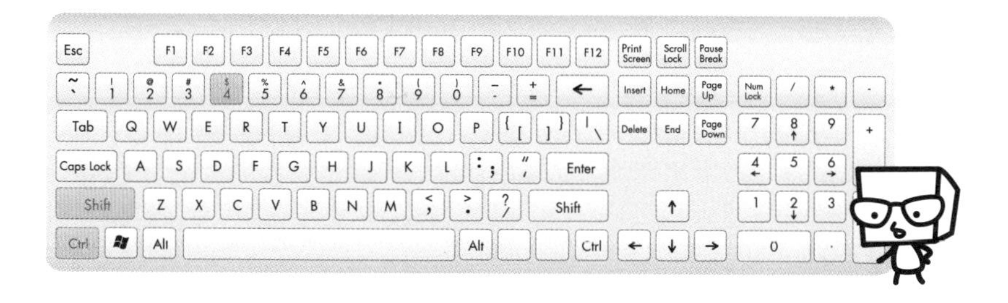

速学流程

1. 在工作表中，选取要加入货币符号的单元格。
2. 按 Ctrl + Shift + $4 组合键，范围内的单元格数字会以 **货币** 格式进行套用，数字前加上 ¥ 符号，并设定上千分位符号及两位小数。

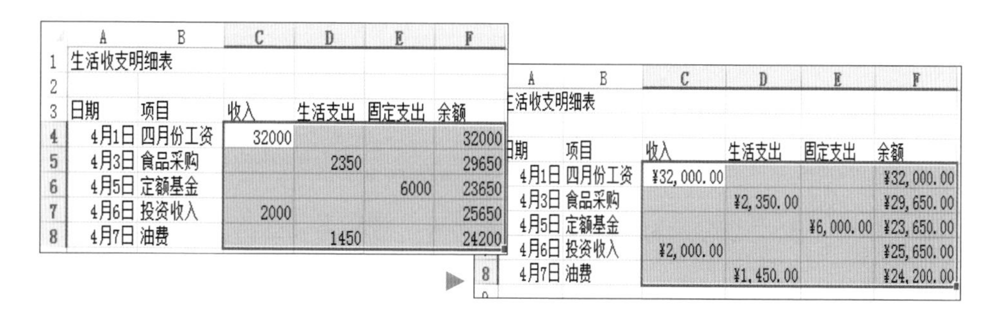

	A	B	C	D	E	F
1	生活收支明细表					
2						
3	日期	项目	收入	生活支出	固定支出	余额
4	4月1日	四月份工资	32000			32000
5	4月3日	食品采购		2350		29650
6	4月5日	定额基金			6000	23650
7	4月6日	投资收入	2000			25650
8	4月7日	油费		1450		24200

	A	B	C	D	E	F
1	生活收支明细表					
2						
3	日期	项目	收入	生活支出	固定支出	余额
4	4月1日	四月份工资	¥32,000.00			¥32,000.00
5	4月3日	食品采购		¥2,350.00		¥29,650.00
6	4月5日	定额基金			¥6,000.00	¥23,650.00
7	4月6日	投资收入	¥2,000.00			¥25,650.00
8	4月7日	油费		¥1,450.00		¥24,200.00

147 套用千分位（,）数值格式

单元格格式设定技巧

在 Excel 输入数值数据时，默认是套用 **常规** 格式，如果想要将数值以千分位符号进行显示（三位一逗号），只要通过这个快捷键，就可以不需要层层设定而轻松进行套用。

招式说明

Ctrl + Shift + ! = 为数值套用千分位（,）符号的 [货币] 格式

Ctrl + Shift + ~ = 恢复为没有特定格式的数值

速学流程

1. 在工作表中，选取要变更格式的单元格范围。
2. 按 Ctrl + Shift + ! 组合键，范围内的单元格数字会以 **货币** 格式进行套用，运用千分位（,）分隔符进行三位数的区分，但无（¥）符号与小数。

（按 Ctrl + Shift + ~ 组合键可以取消千分位符号的显示，恢复为 **常规** 格式。）

	A	B	C	D	E	F
1	生活收支明细表					
2						
3	日期	项目	收入	生活支出	固定支出	余额
4	4月1日	四月份工资	32000			32000
5	4月3日	食品采购		2350		29650
6	4月5日	定额基金			6000	23650
7	4月6日	投资收入	2000			25650
8	4月7日	油费		1450		24200

▶

	A	B	C	D	E	F
1	生活收支明细表					
2						
3	日期	项目	收入	生活支出	固定支出	余额
4	4月1日	四月份工资	32,000			32,000
5	4月3日	食品采购		2,350		29,650
6	4月5日	定额基金			6,000	23,650
7	4月6日	投资收入	2,000			25,650
8	4月7日	油费		1,450		24,200

148 套用 [公元年 / 月 / 日] 日期格式

单元格格式设定技巧

每次输入日期后只有 x 月 x 日，年份还要另外输入，想转为常见的“公元年 / 月 / 日”格式还要再另行设置，来看看快速套用日期格式的方式吧！

招式说明

Ctrl + Shift + 3 = 为日期数据套用 [公元年 / 月 / 日] 日期格式

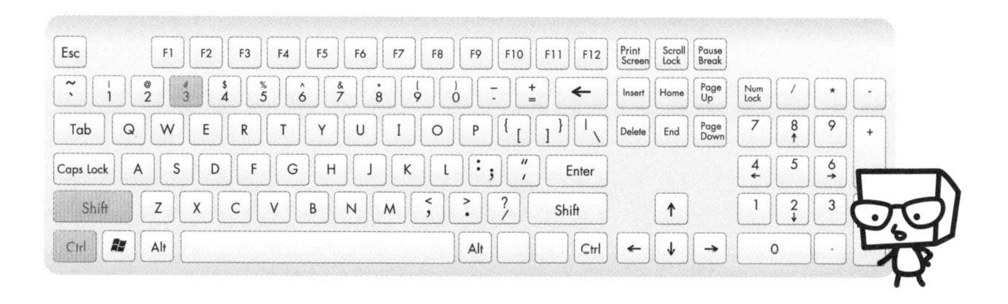

速学流程

1 在工作表中，选取要修改日期格式的所有单元格范围。

2 按 Ctrl + Shift + 3 组合键，原本的日期都改为 **公元年 / 月 / 日** 格式。

	A	B	C	D	
1	生活收支明细表				
2					
3	日期	项目	收入	生活支出	固定
4	4月1日	四月份工资	32,000		
5	4月3日	食品采购		2,350	
6	4月5日	定额基金			
7	4月6日	投资收入	2,000		
8	4月7日	油费		1,450	
9					

▶

	A	B	C	D	
1	生活收支明细表				
2					
3	日期	项目	收入	生活支出	固
4	2016/4/1	四月份工资	32,000		
5	2016/4/3	食品采购		2,350	
6	2016/4/5	定额基金			
7	2016/4/6	投资收入	2,000		
8	2016/4/7	油费		1,450	
9					

149 套用时、分及 AM 或 PM 的时间格式

单元格格式设定技巧

好不容易用 24 小时制完成了数据表里的时间输入，却被老板要求必须显示较易分辨与运算的 AM、PM，突如其来的要求，应变的办法就是使用这组快捷键，轻松转换时制。

招式说明

Ctrl + Shift + @2 = 为时间数据套用 [时间] 格式 （AM, PM）

速学流程

1. 在工作表中，选取欲变更时间格式的单元格范围。
2. 按 Ctrl + Shift + @2 组合键，可以发现单元格内的时间数据就自动转成 AM 或 PM 时间格式。

	A	B	C	D
1		工作与薪资统计		
2	星期	上班	下班	工作时数
3	一	11:30	17:30	6:00
4	二	11:30	17:30	6:00
5	三	8:30	19:30	11:00
6	四	9:30	20:00	10:30
7	五	9:00	17:00	8:00
8			时数总计:	41:30
9			实际工作时间:	41.5
10			薪资（120/hr）:	4980
11				

▶

	A	B	C	D
1		工作与薪资统计		
2	星期	上班	下班	工作时数
3	一	11:30 AM	5:30 PM	6:00
4	二	11:30 AM	5:30 PM	6:00
5	三	8:30 AM	7:30 PM	11:00
6	四	9:30 AM	8:00 PM	10:30
7	五	9:00 AM	5:00 PM	8:00
8			时数总计:	41:30
9			实际工作时间:	41.5
10			薪资（120/hr）:	4980
11				

150 显示完整公式或结果值

数据速算技巧

输入了许多公式后才发现出现的结果与实际的数字不同，是不是公式哪里出了问题呢？这组快捷键可以将所有运算公式都显示出来，方便作比对或参考。

招式说明

Ctrl + ~ = 在单元格中显示完整公式或结果值

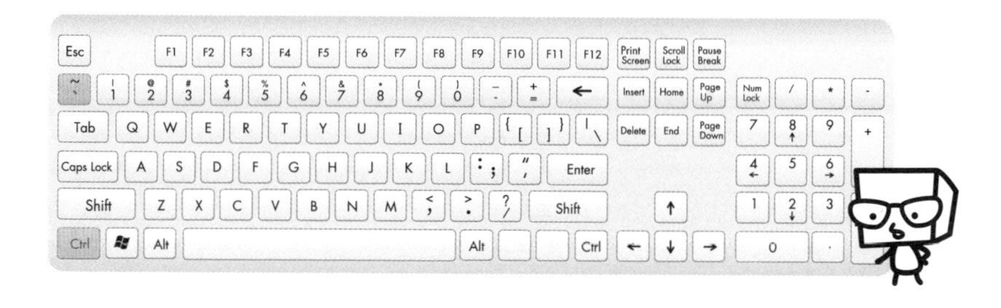

速学流程

1 在工作表中按 Ctrl + ~ 组合键，工作表内所有的公式就会直接显示。

2 再按 Ctrl + ~ 组合键就可以恢复为公式结果的值。

	A	B	C
1	在外省自垫医疗费用报销上限		
2	门诊（每次）：	2,000	
3	姓名	申请金额	给付金额
4	谢新华	5,300	2,000
5	陈俊良	1,800	1,800
6	朱莹君	3,300	2,000
7	杨志明	680	680
8	蔡慧玲	1,560	1,560
9			

▶

	A	B	C
1	在外省自垫医疗费用报销上限		
2	门诊（每次）：	2000	
3	姓名	申请金额	给付金额
4	谢新华	5300	=MIN($B$2,B4)
5	陈俊良	1800	=MIN($B$2,B5)
6	朱莹君	3300	=MIN($B$2,B6)
7	杨志明	680	=MIN($B$2,B7)
8	蔡慧玲	1560	=MIN($B$2,B8)
9			

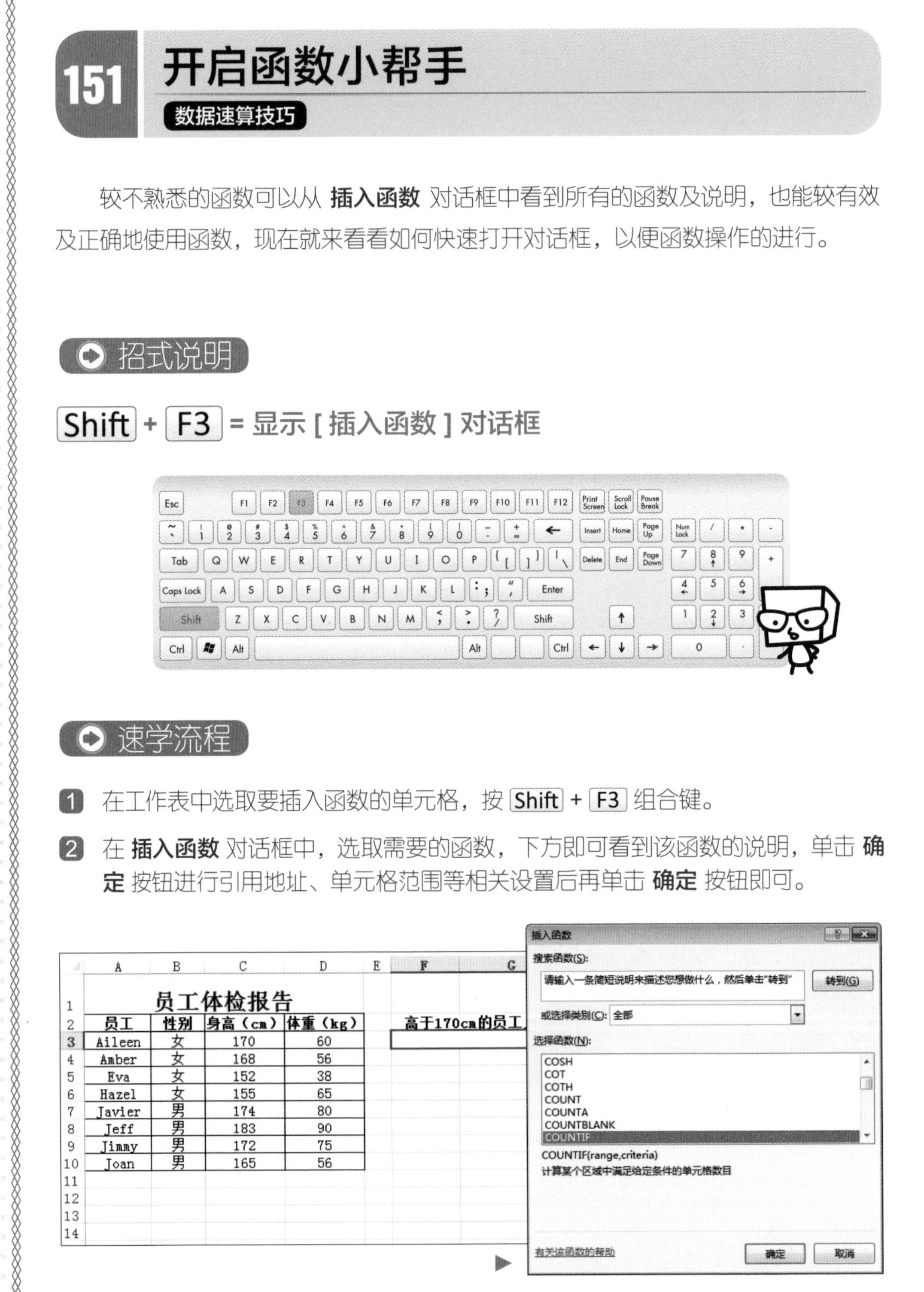

151 开启函数小帮手

数据速算技巧

较不熟悉的函数可以从 **插入函数** 对话框中看到所有的函数及说明，也能较有效及正确地使用函数，现在就来看看如何快速打开对话框，以便函数操作的进行。

招式说明

Shift + F3 = 显示 [插入函数] 对话框

速学流程

1. 在工作表中选取要插入函数的单元格，按 Shift + F3 组合键。
2. 在 **插入函数** 对话框中，选取需要的函数，下方即可看到该函数的说明，单击 **确定** 按钮进行引用地址、单元格范围等相关设置后再单击 **确定** 按钮即可。

员工体检报告

员工	性别	身高（cm）	体重（kg）
Aileen	女	170	60
Amber	女	168	56
Eva	女	152	38
Hazel	女	155	65
Javier	男	174	80
Jeff	男	183	90
Jimmy	男	172	75
Joan	男	165	56

高于170cm的员工

插入函数

搜索函数(S):

请输入一条简短说明来描述您想做什么，然后单击“转到” 转到(G)

或选择类别(C): 全部

选择函数(N):

COSH
COT
COTH
COUNT
COUNTA
COUNTBLANK
COUNTIF

COUNTIF(range,criteria)

计算某个区域中满足给定条件的单元格数目

有关该函数的帮助 确定 取消

152 快速完成函数的设置输入

数据速算技巧

函数的使用在非常熟练之后，常会直接在单元格内输入欲使用的函数名称，但后续要输入设置值时，又因为细目太多，少了个逗号或某个项目值算不出运算结果，这样的问题就交给接下来的这组快捷键帮助解决。

招式说明

Ctrl + A = 显示 [函数参数] 对话框

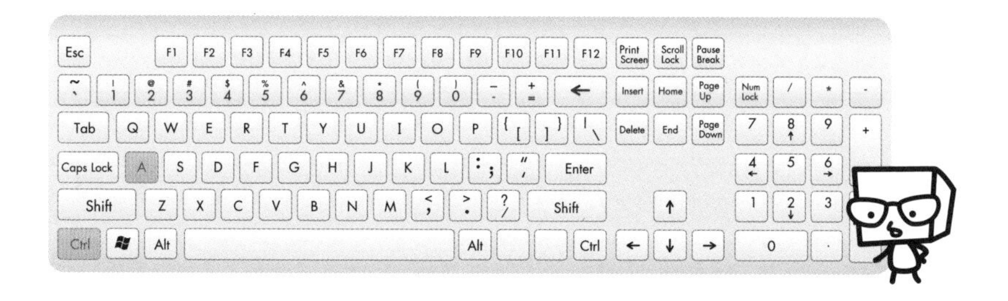

速学流程

1. 在工作表中任一单元格输入需要的函数，此范例中输入的是“=countif”。
2. 按 Ctrl + A 组合键会自动打开 **函数参数** 对话框，进行引用地址、单元格范围等相关设置后单击 **确定** 按钮即可。

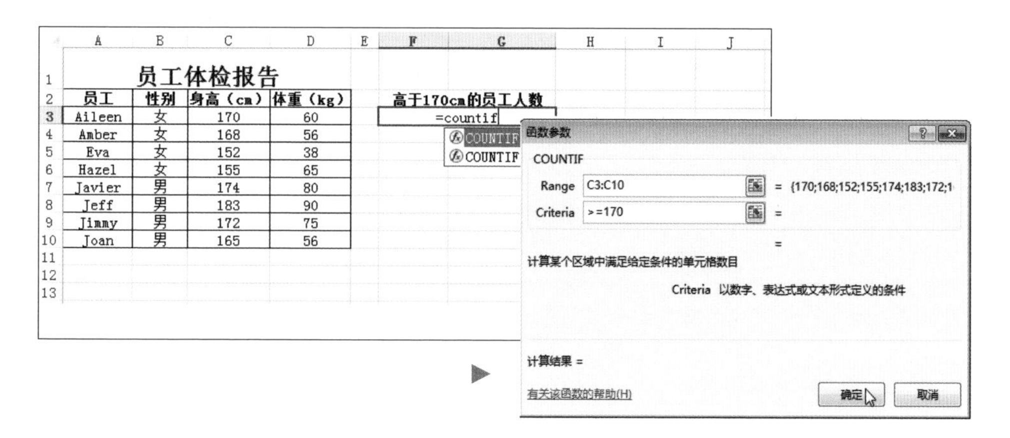

153 自动求和计算

数据速算技巧

想要知道这一个数列的总和是多少？不必再手动输入 Sum 函数或使用自动求和公式进行设置，这一组快捷键可以快速完成数列加和的动作！

招式说明

Alt + ± = 自动求和数列

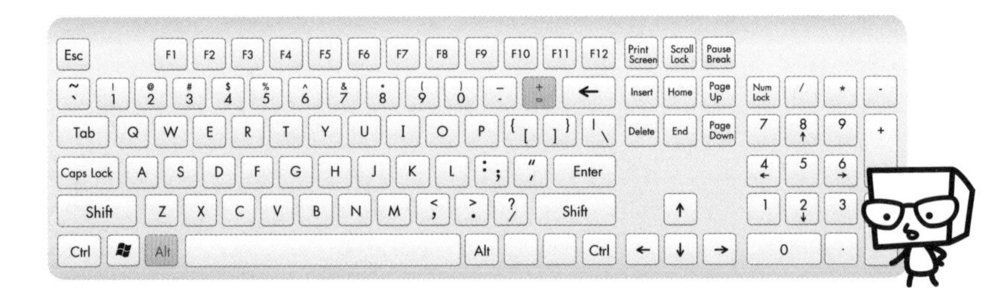

速学流程

1. 在工作表中选取要加和的范围，按 Alt + ± 组合键。
2. 自动求和的结果就会出现在选取范围下方的单元格中。

	A	B	C	D	E
1	部门	姓名	薪资	交通费	误餐费
2	人事	赖伟媛	32000	2000	1500
3		杨登全	26000	2800	1500
4		茅美玉	34000	1750	1500
5	小计		92000	6550	
6					
7					
8					

▶

	A	B	C	D	E
1	部门	姓名	薪资	交通费	误餐费
2	人事	赖伟媛	32000	2000	1500
3		杨登全	26000	2800	1500
4		茅美玉	34000	1750	1500
5	小计		92000	6550	4500
6					
7					
8					

相对与绝对引用地址的切换

数据速算技巧

设置公式中的单元格地址，常需要指定为相对及绝对引用地址，如 D3+D8、$D3+D8 或 $D$3+$D$8 等，这样公式在进行复制或移动时才能指引到正确的单元格进行运算，“$”引用符号不需要一一输入，只要运用快捷键就可以切换产生！

招式说明

F4 = 公式中相对与绝对引用地址的切换

速学流程

1. 在数据编辑栏中输入地址后，例如 =E4，接着依照公式需求重复按 F4 键，即可切换出各种引用方式的地址：$E$4、E$4、$E4。

2. 另外，已输入好的公式也可以调整地址的引用方式。同样在数据编辑栏中，选取欲进行调整的地址，接着依照公式需求重复按 F4 键，即可切换出各种引用方式的地址（地址的行名或列号前加上“$”符号即改变为绝对引用地址）。

F4 =E4/$E$11

	A	B	C	D	E	F
1	永盛体育用品商店					
2	单位：万				制表日期：	5月25日
3		第一年	第二年	第三年	实际销售	所占比例
4	高尔夫用品	21	42	51	114	25.68%
5	露营用品	16	35	39	90	
6	直排轮滑鞋	11	17	20	48	
7	滑板/滑冰	3	6	6	15	
8	健身器材	20	51	52	123	
9	保龄球及撞球设备	6	12	12	30	
10	棒球及垒球用品	6	9	9	24	
11	总计	83	172	189	444	
12						

▶

F4 =E4/E$11

	A	B	C	D	E	F
1	永盛体育用品商店					
2	单位：万				制表日期：	5月25日
3		第一年	第二年	第三年	实际销售	所占比例
4	高尔夫用品	21	42	51	114	25.68%
5	露营用品	16	35	39	90	
6	直排轮滑鞋	11	17	20	48	
7	滑板/滑冰	3	6	6	15	
8	健身器材	20	51	52	123	
9	保龄球及撞球设备	6	12	12	30	
10	棒球及垒球用品	6	9	9	24	
11	总计	83	172	189	444	
12						

155 用快捷键制作图表

数据速算技巧

有图有真相，密密麻麻的数字总不如条理分明的图表来得清楚易懂，不论是分析数据或简报，图表的呈现应用十分重要！

招式说明

F11 = 在新工作表中建立目前范围中的数据图表

速学流程

1 在工作表中，选取要制作图表的数据范围。

2 按 F11 键就会新建一个工作表，默认的条形图图表就会出现在工作表中，再依需求进行修改即完成。

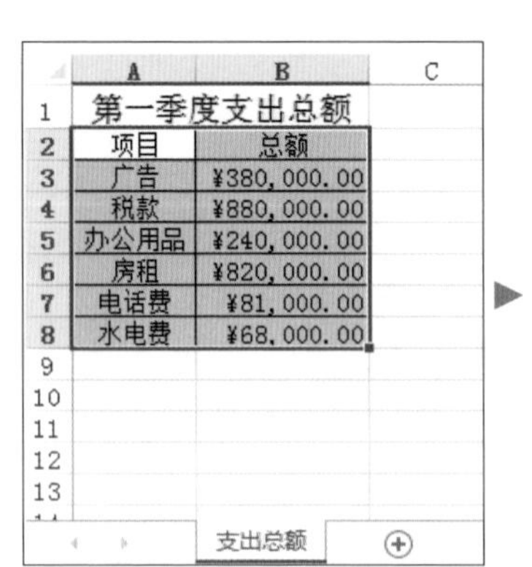

第一季度支出总额	
项目	总额
广告	¥380,000.00
税款	¥880,000.00
办公用品	¥240,000.00
房租	¥820,000.00
电话费	¥81,000.00
水电费	¥68,000.00

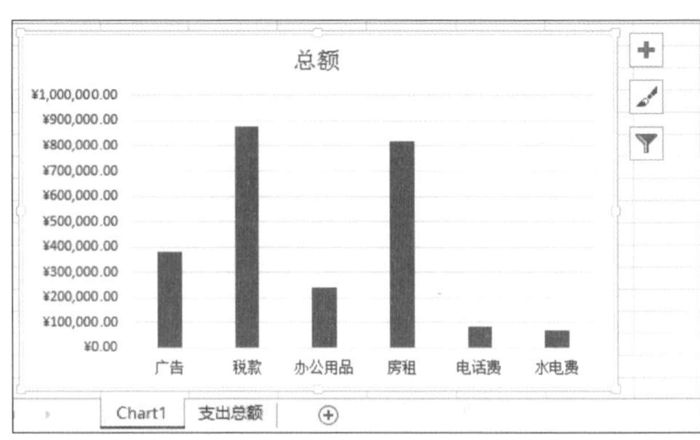

156 编辑单元格内容

数据编辑技巧

如果想要修改单元格中的某些文字，一般都是在数据编辑栏上单击才能进行文字的编辑，现在告诉您一个技巧轻松地就能修改或输入文字。

招式说明

F2 = 编辑活动单元格，并将插入点放在单元格内容的尾端

速学流程

1. 在工作表中，选取要进行编辑的单元格。
2. 按 F2 键，插入点会出现在单元格数据内容尾端，运用左右方向键就可以开始进行内容的编辑。

	A	B	C
1	第一季度支出总额		
2	项目	总额	
3	广告	¥380,000.00	
4	税款	¥880,000.00	
5	办公用品	¥240,000.00	
6	房租	¥820,000.00	
7	电话费	¥81,000.00	
8	水电费	¥68,000.00	
9			
10			

▶

	A	B	C
1	第一季度支出总额		
2	项目	总额	
3	广告	¥380,000.00	
4	税款	¥880,000.00	
5	办公用品	¥240,000.00	
6	房租	¥820,000.00	
7	电话费	¥81,000.00	
8	水电费	¥68,000.00	
9			
10			

157 加入当天日期

数据编辑技巧

报表或工作表中经常需要标注制表日期，以确认数据版本，这可是很重要的哦！使用什么快捷键可以马上加入系统的日期呢？现在就来看看吧！

招式说明

Ctrl + ;: = 输入今天日期（公元年 / 月 / 日）

速学流程

1. 在工作表中，选取欲插入日期的单元格。
2. 按 Ctrl + ;: 组合键，就会将今天的日期自动插入到单元格中。

	A	B	C	D	E
1	进货单				
2		日期：			
3		时间：			
4	商品	数量	单价/斤	金额	
5	哥伦比亚咖啡豆	50	300	15000	
6	曼特宁咖啡豆	30	700	21000	
7	蓝山咖啡豆	20	680	13600	
8	巴西咖啡豆	10	530	5300	
9	蓝山咖啡豆	20	680	13600	
10	哥伦比亚咖啡豆	5	300	1500	
11	巴西咖啡豆	30	530	15900	
12	曼特宁咖啡豆	30	700	21000	
13					

▶

	A	B	C	D	E
1	进货单				
2		日期：	2016/6/13		
3		时间：			
4	商品	数量	单价/斤	金额	
5	哥伦比亚咖啡豆	50	300	15000	
6	曼特宁咖啡豆	30	700	21000	
7	蓝山咖啡豆	20	680	13600	
8	巴西咖啡豆	10	530	5300	
9	蓝山咖啡豆	20	680	13600	
10	哥伦比亚咖啡豆	5	300	1500	
11	巴西咖啡豆	30	530	15900	
12	曼特宁咖啡豆	30	700	21000	
13					

158 加入目前时间

数据编辑技巧

除了可以通过标注日期确认文件版本，如果手中的报表无时无刻都在更新，还需要加上时间以方便辨识修改版本，这一组快捷键能够准确地记录时间。

招式说明

Ctrl + Shift + ; = 输入目前时间（时 : 分 AM 或 PM）

速学流程

1 在工作表中，选取欲插入时间的单元格。

2 按 Ctrl + Shift + ; 组合键，目前的系统时间就插入到单元格中。

	A	B	C	D	E
1	进货单				
2		日期：	2016/6/13		
3		时间：			
4	商品	数量	单价/斤	金额	
5	哥伦比亚咖啡豆	50	300	15000	
6	曼特宁咖啡豆	30	700	21000	
7	蓝山咖啡豆	20	680	13600	
8	巴西咖啡豆	10	530	5300	
9	蓝山咖啡豆	20	680	13600	
10	哥伦比亚咖啡豆	5	300	1500	
11	巴西咖啡豆	30	530	15900	
12	曼特宁咖啡豆	30	700	21000	
13					

▶

	A	B	C	D	E
1	进货单				
2		日期：	2016/6/13		
3		时间：	17:51 PM		
4	商品	数量	单价/斤	金额	
5	哥伦比亚咖啡豆	50	300	15000	
6	曼特宁咖啡豆	30	700	21000	
7	蓝山咖啡豆	20	680	13600	
8	巴西咖啡豆	10	530	5300	
9	蓝山咖啡豆	20	680	13600	
10	哥伦比亚咖啡豆	5	300	1500	
11	巴西咖啡豆	30	530	15900	
12	曼特宁咖啡豆	30	700	21000	
13					

159 将单元格中的数据强行换行

数据编辑技巧

单元格的数据内容很多的时候，如果不想变更列宽，但为了避免内容被左、右单元格内容盖住，就可以运用强行换行的方式。

招式说明

Alt + Enter = 为单元格中的数据换行

速学流程

1 在工作表中选取欲调整内容排列形式的单元格，然后将插入点移到其数据编辑栏内要进行换行的数据中。

2 按 Alt + Enter 组合键，就会在该处为数据内容换行。

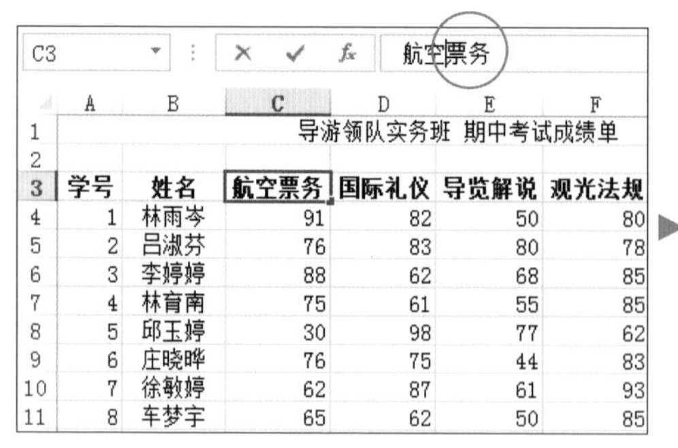

C3 航空票务

	A	B	C	D	E	F
1			导游领队实务班 期中考试成绩单			
2						
3	学号	姓名	航空票务	国际礼仪	导览解说	观光法规
4	1	林雨岑	91	82	50	80
5	2	吕淑芬	76	83	80	78
6	3	李婷婷	88	62	68	85
7	4	林育南	75	61	55	85
8	5	邱玉婷	30	98	77	62
9	6	庄晓晔	76	75	44	83
10	7	徐敏婷	62	87	61	93
11	8	车梦宇	65	62	50	85

C3 航空

	A	B	C	D	E	F
1			导游领队实务班 期中考试成绩单			
2						
3	学号	姓名	航空 票务	国际礼仪	导览解说	观光法规
4	1	林雨岑	91	82	50	80
5	2	吕淑芬	76	83	80	78
6	3	李婷婷	88	62	68	85
7	4	林育南	75	61	55	85
8	5	邱玉婷	30	98	77	62
9	6	庄晓晔	76	75	44	83
10	7	徐敏婷	62	87	61	93
11	8	车梦宇	65	62	50	85
12	9	黄雅婷	87	91	65	82

160 复制上方与左侧单元格内容

数据编辑技巧

如果要生成与上方单元格或左侧单元格相同的内容，不必选按复制和粘贴，只要使用这两组快捷键就能快速完成！

招式说明

Ctrl + D = 复制上方单元格

Ctrl + R = 复制左侧单元格

速学流程

1 在工作表中，选取想要粘贴与上方单元格内容一样的下方单元格。

2 按 Ctrl + D 组合键，选取的单元格就会出现与上方单元格相同的内容。

6	Hazel	女	155	65
7				
8	Javier	男	174	80
9	Jeff	男	183	90
10	Jimmy	男	172	75

▶

6	Hazel	女	155	65
7		女		
8	Javier	男	174	80
9	Jeff	男	183	90
10	Jimmy	男	172	75

3 在工作表中，选取想要粘贴与左侧单元格内容一样的右侧单元格。

4 按 Ctrl + R 组合键，选取的单元格就会出现与左侧单元格相同的内容。

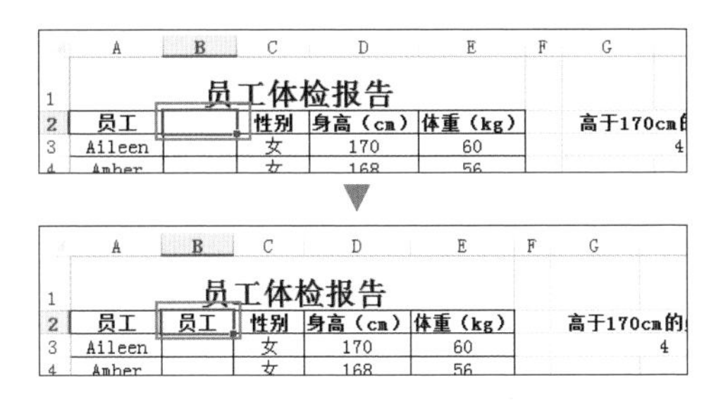

	A	B	C	D	E	F	G
1		员工体检报告					
2	员工		性别	身高（cm）	体重（kg）		高于170cm的
3	Aileen		女	170	60		4
4	Amber		女	168	56		

▼

	A	B	C	D	E	F	G
1		员工体检报告					
2	员工	员工	性别	身高（cm）	体重（kg）		高于170cm的
3	Aileen		女	170	60		4
4	Amber		女	168	56		

161 为整列套用相同公式

数据编辑技巧

Excel 的 **填充控点** 为单元格右下角的一个小点，它可以快速复制单元格内的公式或内容，一般是将鼠标指针移至 **填充控点** 上方呈十字状再进行拖拽，而在此示范只要在 **填充控点** 双击鼠标左键就可以快速为整列套用相同的公式或数据内容。

招式说明

用鼠标指针拖拽已写好公式的单元格右下角 [填充控点]

= 复制单元格内的公式或内容

在已写好公式的单元格右下角双击

= 有数据内容的整列套用相同的公式或内容

速学流程

1 在工作表中，单击鼠标左键按住该公式单元格右下角的黑点往下拉，Excel 即可复制引用公式，自动计算出数值。

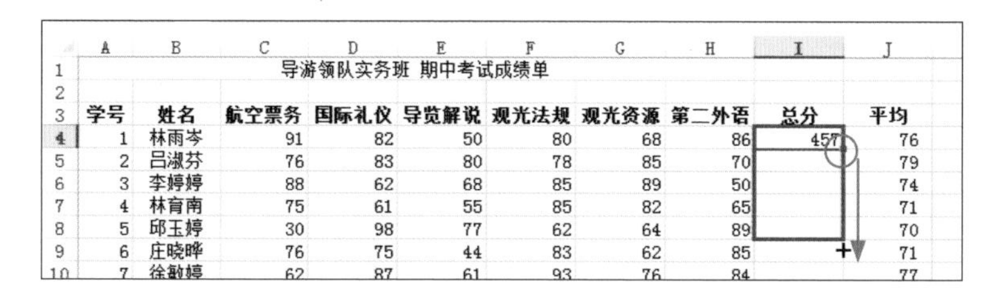

	A	B	C	D	E	F	G	H	I	J
1			导游领队实务班 期中考试成绩单							
2										
3	学号	姓名	航空票务	国际礼仪	导览解说	观光法规	观光资源	第二外语	总分	平均
4	1	林雨岑	91	82	50	80	68	86	457	76
5	2	吕淑芬	76	83	80	78	85	70		79
6	3	李婷婷	88	62	68	85	89	50		74
7	4	林育南	75	61	55	85	82	65		71
8	5	邱玉婷	30	98	77	62	64	89		70
9	6	庄晓晔	76	75	44	83	62	85		71
10	7	徐敏婷	62	87	61	93	76	84		77

2 另外也可以直接在该公式单元格右下角的黑点上，双击鼠标左键，告诉 Excel，请把公式复制到数据最后一列，省去拖拽的操作。

	A	B	C	D	E	F	G	H	I	J
1			导游领队实务班 期中考试成绩单							
2										
3	学号	姓名	航空票务	国际礼仪	导览解说	观光法规	观光资源	第二外语	总分	平均
4	1	林雨岑	91	82	50	80	68	86	457	76
5	2	吕淑芬	76	83	80	78	85	70		79
6	3	李婷婷	88	62	68	85	89	50		74
7	4	林育南	75	61	55	85	82	65		71
8	5	邱玉婷	30	98	77	62	64	89		70
9	6	庄晓晔	76	75	44	83	62	85		71

162 为连续 / 不连续单元格填充相同数据

数据编辑技巧

遇到多个相连的单元格需要填充同样的文字或数字时，一般来说会使用复制粘贴，或借助拖拽单元格右下角的填充控点来完成，除此之外也可以利用快捷键轻松完成填充的效果（此快捷键仅适用于文字或数字数据，不适用于公式与函数）。

招式说明

Ctrl + Enter = 以目前输入的项目填充所选定的单元格范围

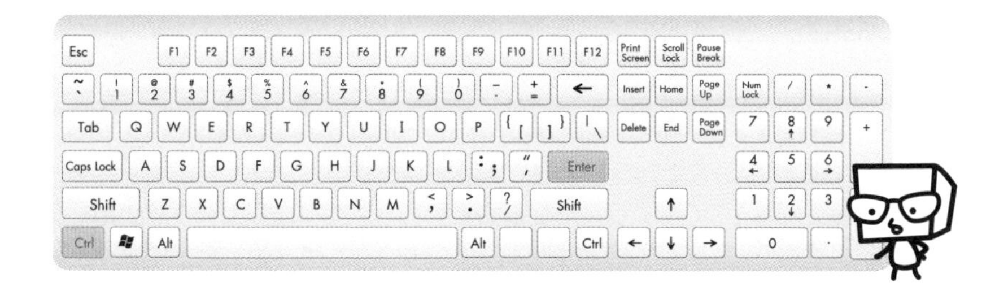

速学流程

1. 在工作表中，选取欲填充的单元格范围（连续或不连续的范围均可，若为不连续范围请按住 Ctrl 键不放再加选），接着在数据编辑栏输入要填充的数据内容。
2. 在编辑的状态按 Ctrl + Enter 组合键，会发现范围内的单元格已经填充了该数据。

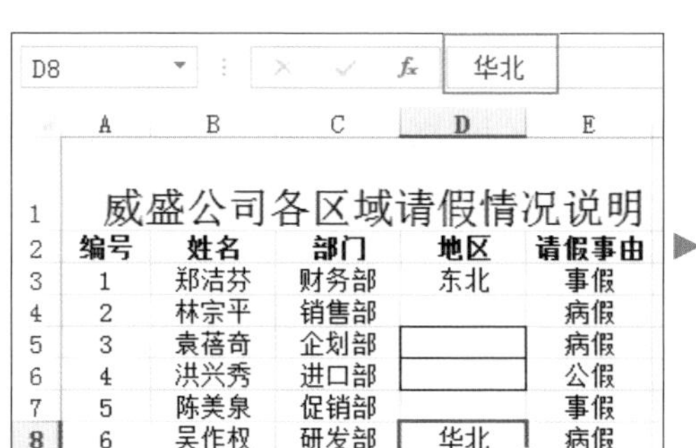

D8 华北

	A	B	C	D	E
1	威盛公司各区域请假情况说明				
2	编号	姓名	部门	地区	请假事由
3	1	郑洁芬	财务部	东北	事假
4	2	林宗平	销售部		病假
5	3	袁蓓奇	企划部		病假
6	4	洪兴秀	进口部		公假
7	5	陈美泉	促销部		事假
8	6	吴作权	研发部	华北	病假

D8 华北

	A	B	C	D	E
1	威盛公司各区域请假情况说明				
2	编号	姓名	部门	地区	请假事由
3	1	郑洁芬	财务部	东北	事假
4	2	林宗平	销售部		病假
5	3	袁蓓奇	企划部	华北	病假
6	4	洪兴秀	进口部	华北	公假
7	5	陈美泉	促销部		事假
8	6	吴作权	研发部	华北	病假

163 生成文字数据的下拉列表

数据编辑技巧

一直重复输入相同的文字数据实在很浪费时间，试试这组快捷键，只要是同一列中已输入过的文字，都会整理变成下拉列表中的项目，选按合适的项目即完成该列数据的建立。

招式说明

Alt + ↓ = 生成该列中文字数据的下拉列表

速学流程

1. 在工作表中，选取要输入数据的单元格。
2. 按 Alt + ↓ 组合键，此列中已输入过的文字数据就会出现在下拉列表中，只要在需要的文字上单击选用即可。

真好吃生鲜、杂货清单

	项目	商店	类别	数量
□	橙子	杂货	农产品	0.9
□	苹果	果园	农产品	1.35
□	香蕉	杂货	农产品	1
□	奶酪	宅配		
□	莴笋	市场		2
□	番茄	市场		1.8
□	牛奶	宅配	乳品	2

真好吃生鲜、杂货清单

	项目	商店	类别	数量	单
□	橙子	杂货	农产品	0.9	
□	苹果	果园	农产品	1.35	
□	香蕉	杂货	农产品	1	
□	奶酪	宅配	乳品		
□	莴笋	市场		2	
□	番茄	市场		1.8	
□	牛奶	宅配	乳品	2	

164 建立已套用格式的表格数据

数据编辑技巧

默认的单元格与数据内容都是白底黑字，行列较多的时候，还很容易看错行。Excel 提供了表格格式，可以依据表格的属性来设计，更拥有筛选与排序数据的功能，这样一来标题栏、奇数行、偶数行等全都一清二楚又美观。

招式说明

Ctrl + L = 显示 [创建表] 对话框将数据内容变成表格

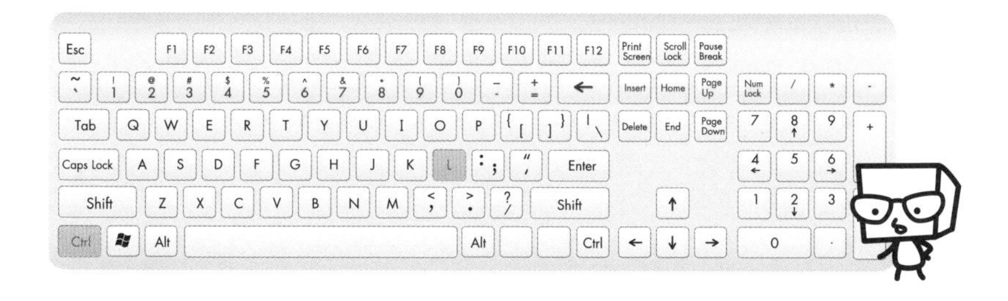

速学流程

1. 在工作表中选取要转换为表格属性的单元格范围，按 Ctrl + L 组合键，在对话框中单击 **确定** 按钮。
2. 单元格会自动套上 **表格样式**，并在标题栏加上筛选按钮。

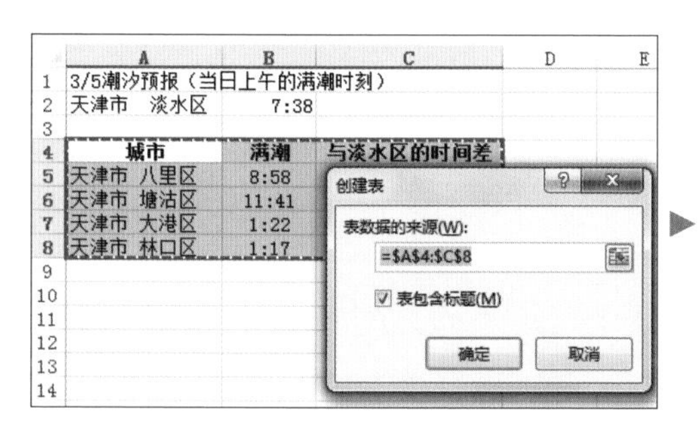

	A	B	C
1	3/5潮汐预报（当日上午的满潮时刻）		
2	天津市 淡水区	7:38	
3			
4	城市	满潮	与淡水区的时间差
5	天津市 八里区	8:58	1:20
6	天津市 塘沽区	11:41	4:03
7	天津市 大港区	1:22	6:16
8	天津市 林口区	1:17	6:21

165 筛选或排序数据

数据编辑技巧

输入数据后，只要按这组快捷键，就可以在标题栏建立数据排序和筛选按钮，不论是筛选特定数据或排序数据都可以轻松上手。

招式说明

Ctrl + Shift + L = 在标题栏建立数据排序和筛选按钮

速学流程

1. 在工作表中要加入筛选排序功能的数据范围内选按任一单元格，按 Ctrl + Shift + L 组合键。

2. 单击标题栏右侧的列表按钮，列表中可以选择要进行排序或筛选的操作。

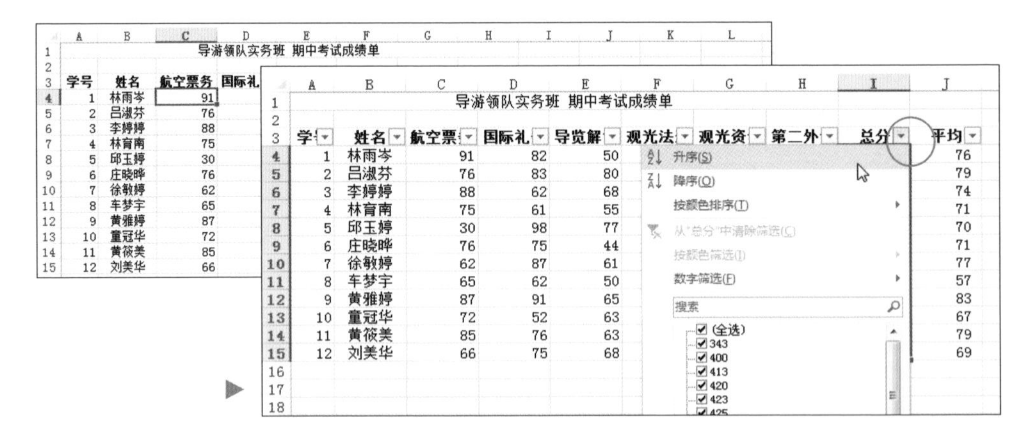

166 单元格批注说明

数据编辑技巧

在单元格加上批注除了比较不容易忘记外，也可以针对单元格的内容补充额外信息，这一组快捷键可以让用户利用键盘直接输入批注！

招式说明

Shift + F2 = 新增或编辑单元格批注

速学流程

1. 在工作表中选取想加上批注的单元格，按 Shift + F2 组合键出现新增批注窗格。
2. 输入相关批注文字后，在其他单元格上单击即完成输入的操作（当再次选取已加上批注的单元格，按 Shift + F2 组合键就可以进行编辑）。

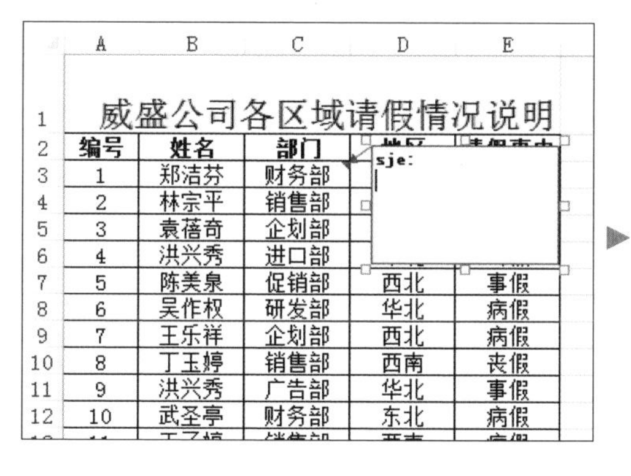

威盛公司各区域请假情况说明

编号	姓名	部门		
1	郑洁芬	财务部		
2	林宗平	销售部		
3	袁蓓奇	企划部		
4	洪兴秀	进口部		
5	陈美泉	促销部	西北	事假
6	吴作权	研发部	华北	病假
7	王乐祥	企划部	西北	病假
8	丁玉婷	销售部	西南	丧假
9	洪兴秀	广告部	华北	事假
10	武圣亭	财务部	东北	病假

sje:

▶

威盛公司各区域请假情况说明

编号	姓名	部门		
1	郑洁芬	财务部		
2	林宗平	销售部		
3	袁蓓奇	企划部		
4	洪兴秀	进口部		
5	陈美泉	促销部	西北	事假
6	吴作权	研发部	华北	病假
7	王乐祥	企划部	西北	病假
8	丁玉婷	销售部	西南	丧假
9	洪兴秀	广告部	华北	事假
10	武圣亭	财务部	东北	病假

sje:
人员10位

找到工作表中所有加上批注的单元格

数据编辑技巧

完成一大堆数据的输入后，其中一些单元格会利用批注标记数据的特殊性，可是到底有哪些单元格加上了批注呢？如何在最短的时间内找到工作表中所有加入批注的单元格？这一组快捷键能轻易解决这个问题！

招式说明

Ctrl + Shift + O = 选取所有含有批注的单元格

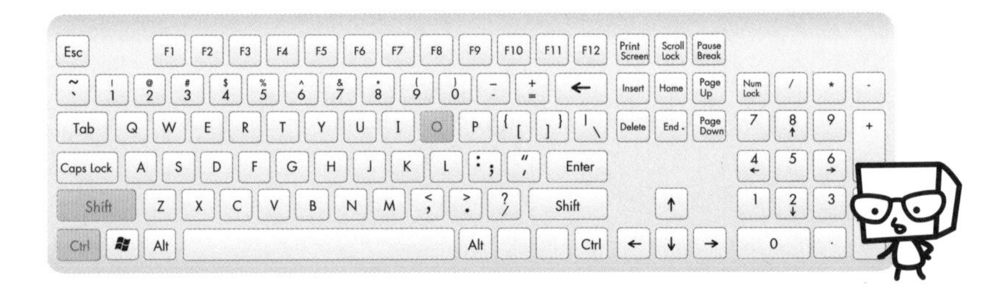

速学流程

1 打开已加入批注的工作表，按 Ctrl + Shift + O 组合键。

2 含有批注的单元格就会全部被选取。

	A	B	C	D	E	F	G	H
1	威盛公司各区域请假情况说明表							
2	编号	姓名	部门	地区	请假事由	1～6月	7～12月	总次数
3	1	郑洁芬	财务部	东北	事假	2	10	12
4	2	林宗平	销售部	华南	病假	5	4	9
5	3	袁蓓奇	企划部	华北	病假	1	2	3
6	4	洪兴秀	进口部	华北	公假	2	1	3
7	5	陈美泉	促销部	西北	事假	3	5	8
8	6	吴作权	研发部	华北	病假	1	7	8
9	7	王乐祥	企划部	西北	病假	2	1	3
10	8	丁玉婷	销售部	西南	丧假	1	2	3
11	9	洪兴秀	广告部	华北	事假	3	3	6
12	10	武圣亭	财务部	东北	病假	4	5	9
13	11	王子婷	销售部	西南	病假	5	1	6
14	12	张辛梓	企划部	华东	年假	5	2	7

PowerPoint 不必说话就赢的演示文稿术

演示文稿现在成了学生与上班族必备的基本功，要准备报告数据与设计演示文稿内容已够伤脑筋了，如果又遇到一些突发性的问题，让制作不太顺利时，只会让火气越来越大……其实有些快捷键在制作或者放映演示文稿时，能提供事半功倍的运用，只要熟记这些快捷键，就能让您更轻松地通过演示文稿呈现数据内容。

168 新增幻灯片

基础操作技巧

一份演示文稿作品常是由多张幻灯片所组成，所以，新增幻灯片是基础且必备的操作。运用快捷键来进行操作，再依据演示文稿内容调整素材的版面配置，可以让演示文稿制作得十分快速！

招式说明

Ctrl + M = 新增幻灯片

速学流程

1. 打开 PowerPoint，按 Ctrl + M 组合键。
2. 在左侧 **幻灯片** 窗格中会看到已新增一张幻灯片。

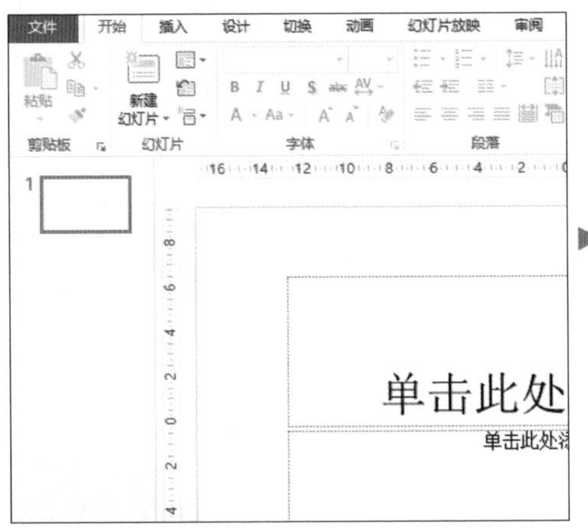

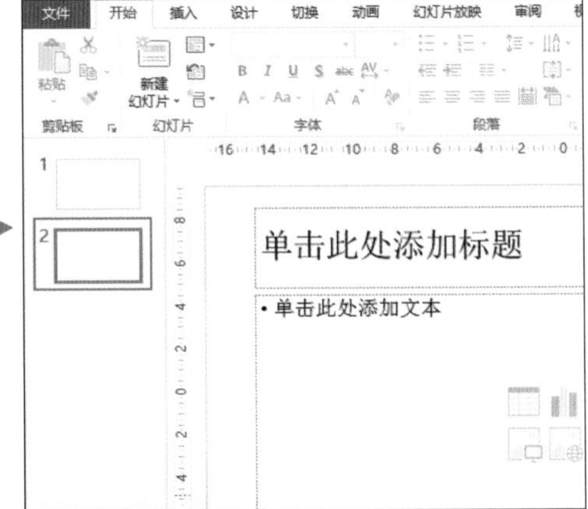

套用幻灯片的版式设置

基础操作技巧

幻灯片版式 是定义新幻灯片上内容摆放的位置，这些设置会依序保留文字、图形、表格、图表、图片等对象的位置，而不同模板中可套用的幻灯片版式的样式也不尽相同，套用合适的版式设置会让演示文稿制作更加得心应手。

招式说明

先按 Alt，再分别按 H、L = 套用幻灯片版式设置

速学流程

1. 打开 PowerPoint，按 Alt 键，显示索引选项卡的按键提示字母。
2. 接着按 H 键，再按 L 键打开 **幻灯片版式** 列表，这时可以选择合适的版式设置样式进行套用。

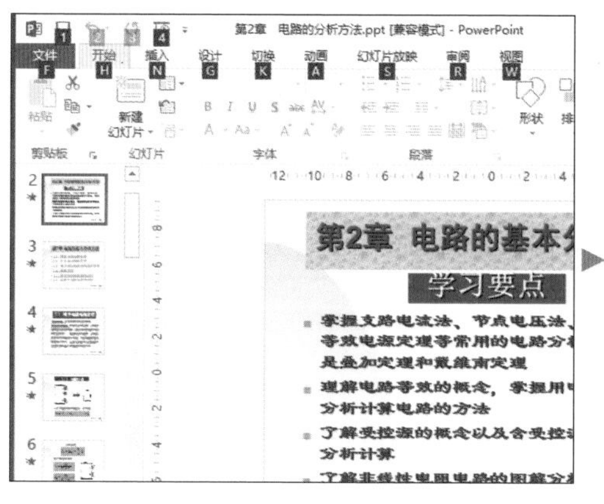

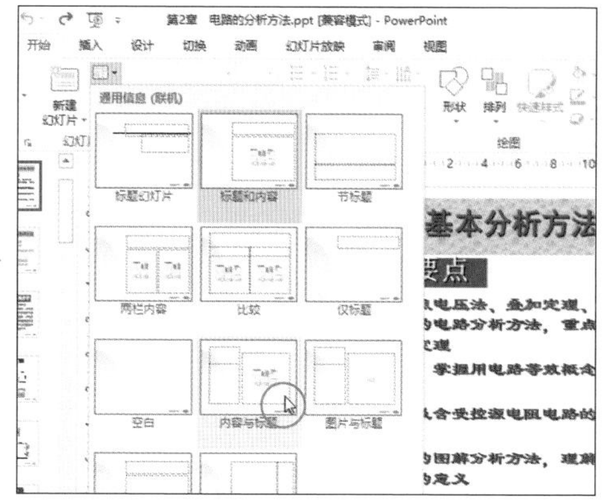

170 套用模板布景美化演示文稿

基础操作技巧

美化演示文稿最迅速的方法就是套用 PowerPoint 内置的主题样式，不用再为了设计伤脑筋，只要善用多种风格的模板布景组合，就能完成令人眼睛为之一亮的演示文稿作品。

招式说明

先按 Alt，再分别按 G、H = 套用主题样式

速学流程

1. 打开 PowerPoint，按 Alt 键，显示索引选项卡的按键提示字母。
2. 接着按 G 键，再按 H 键，打开 **主题** 列表，这时可以选择合适的主题样式进行套用。

171 复制选定的幻灯片

基础操作技巧

若是演示文稿作品中的幻灯片都需要相同的版式与标题，传统的做法是先选取已设计好的幻灯片后，选按复制再粘贴，现在只要按一组快捷键，就能达到相同的效果，省时又省力！

招式说明

Ctrl + D = 复制幻灯片

速学流程

1 在左侧 **幻灯片** 窗格中，选取要复制的幻灯片，按 Ctrl + D 组合键。

2 立即复制出一张相同内容的幻灯片。

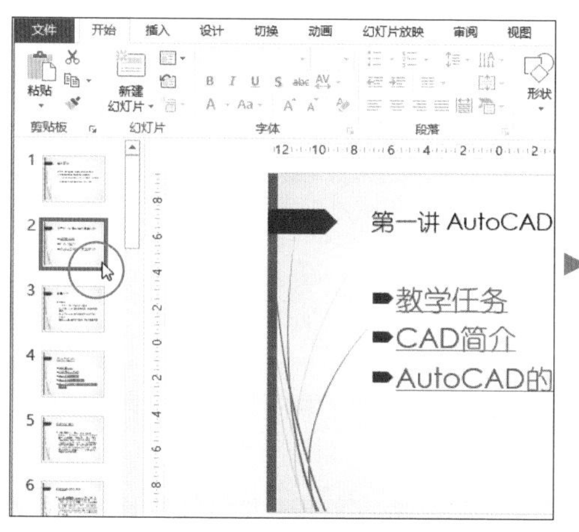

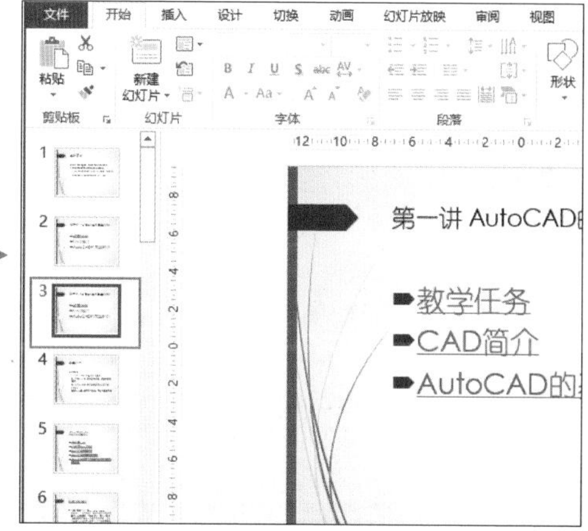

172 隐藏左侧窗格拥有编辑大空间

基础操作技巧

若在制作演示文稿时，需要一个舒服无压力的编辑空间，这时候就可以将左边窗格暂时收起来，让编辑的画面可以大一些，以便调整文字、图片等其他对象的摆放位置。

招式说明

Ctrl + Shift + 🗔（普通视图）= 关闭左侧窗格

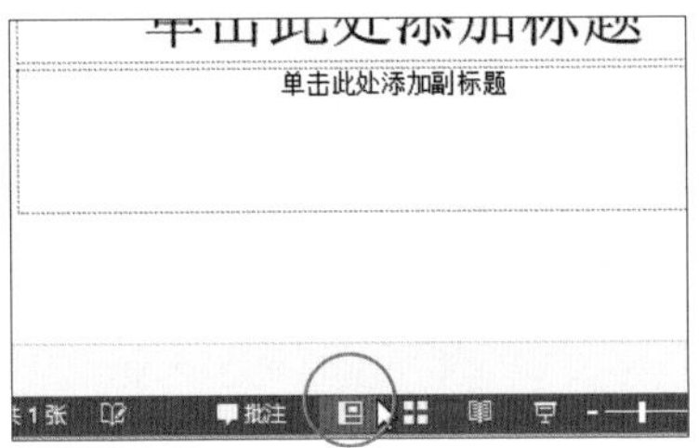

速学流程

1 打开 PowerPoint，按 Ctrl + Shift 组合键不放，再单击窗口右下角 🗔 **普通视图** 按钮。

2 可立即关闭左侧窗格，再单击一次窗口右下角 🗔 **普通视图** 按钮，又可以展开左侧窗格。

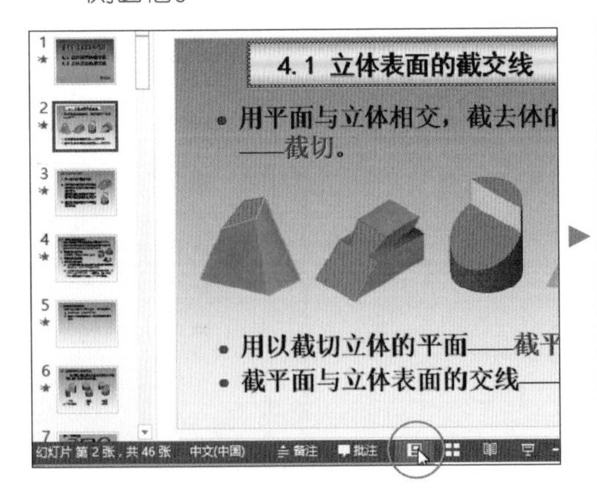

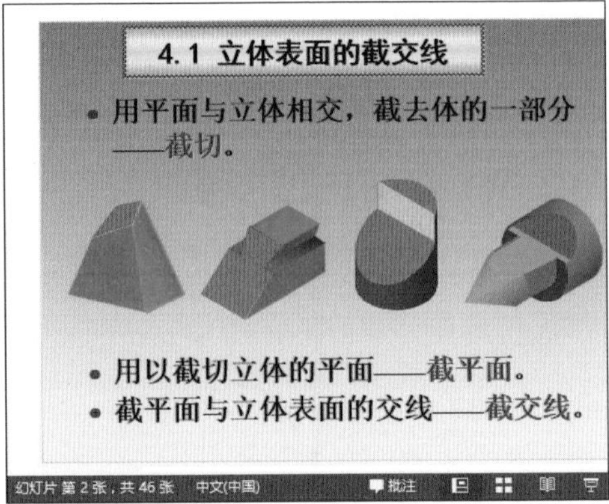

图文对齐要靠标尺

基础操作技巧

在演示文稿中进行段落悬挂与缩进设置时，一定少不了标尺这个辅助工具。只要善用标尺，即可显示欲移动的段落文字或对象的精确位置。

招式说明

Shift + Alt + F9 = 打开或隐藏标尺

速学流程

1. 打开 PowerPoint，按 Shift + Alt + F9 组合键。
2. 标尺会立即出现在演示文稿编辑区的上方与左方；若再按 Shift + Alt + F9 组合键，则是隐藏标尺，只要拖拽标尺上的控制点就可以手动调整文字第一行的缩进位置。

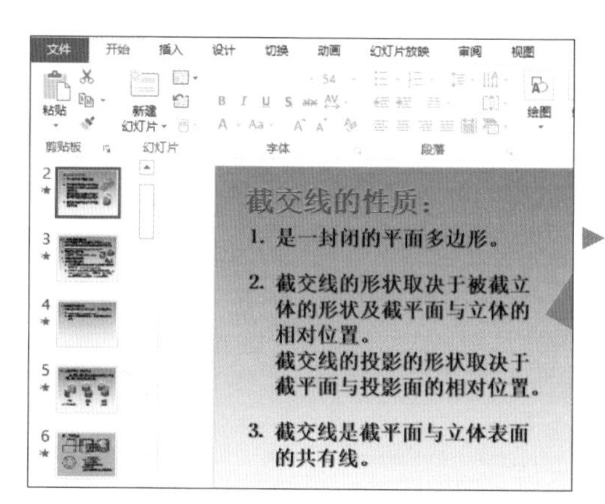

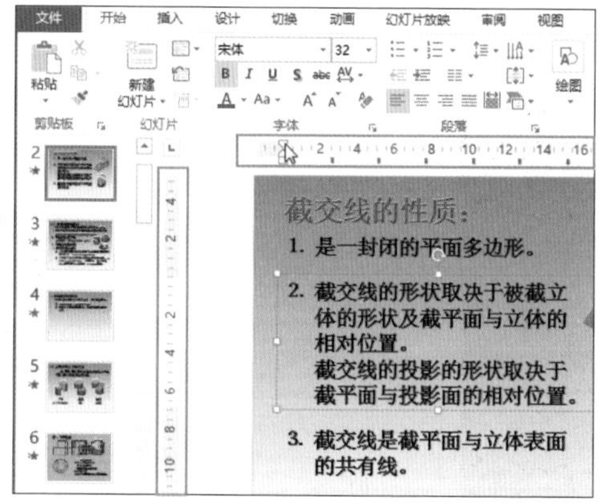

174 打印书面讲义好做笔记

基础操作技巧

一般来说，观众在聆听演示文稿时很容易会忘了主讲者精心准备的内容，事先将演示文稿内容打印成书面文字，或者其他补充数据等，不但可以让观众轻松地做笔记，也可以加深对您的印象。

招式说明

Ctrl + P，再设定 [讲义：3 张幻灯片] 版式设置 = 打印讲义笔记

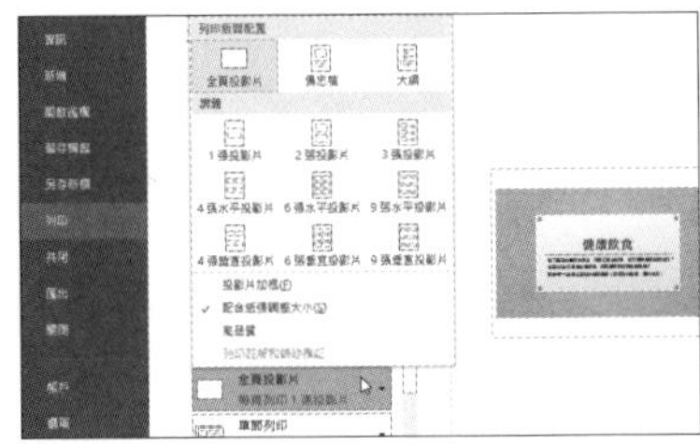

速学流程

1. 打开 PowerPoint，按 Ctrl + P 组合键进入打印预览。
2. 再选按 **整页幻灯片** 按钮，在 **讲义** 类别选取合适的版式设置进行套用（在此套用 **讲义：3 张幻灯片** 版式设置模式，会在幻灯片缩略图右侧打印出网格线，方便做笔记）。

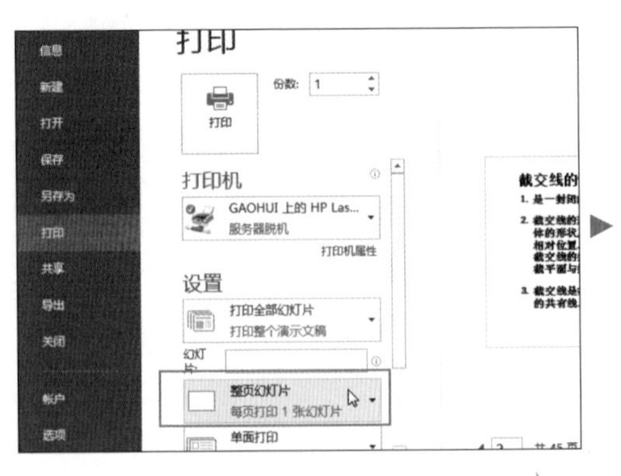

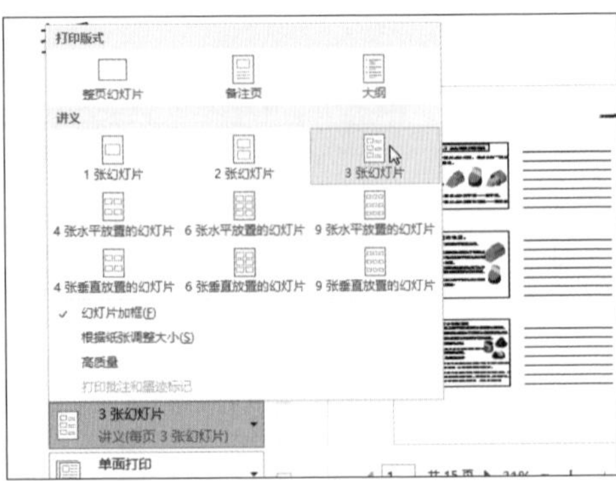

同时关闭所有打开的演示文稿文件

基础操作技巧

关闭软件只要单击窗口右上角 × **关闭** 按钮，即可连同文档及软件一起“Close”；但若是打开多个演示文稿文件，可以使用如下快捷键，一次关闭全部演示文稿文档与 PowerPoint 软件！

招式说明

Ctrl + Q = 一次关闭所有打开的演示文稿文件

速学流程

1. 如果要一次关闭所有打开的演示文稿文件，按 Ctrl + Q 组合键。
2. 若是其中有演示文稿文件尚未存盘时，会弹出对话框询问是否要保存，可依据需求进行设置，完成操作后会将目前打开的演示文稿文件与 PowerPoint 一起关闭。

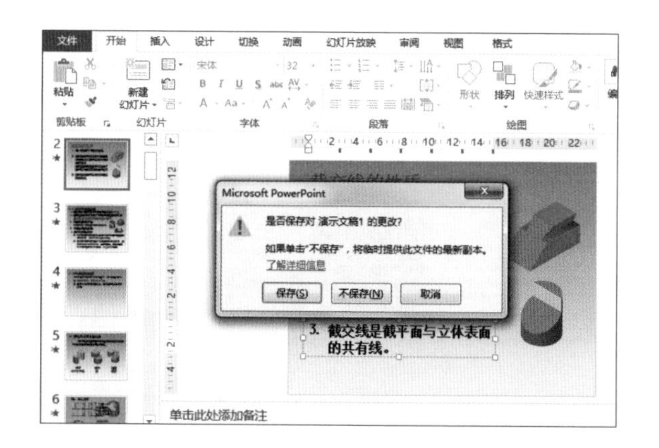

176 压缩图片缩减文档大小

图文设计技巧

PowerPoint 作品中常使用各式各样的图片，虽可以充实演示文稿内容却也会增加文档大小，这时只要使用 **压缩图片** 功能，就可以套用不损及质量的压缩、降低图片分辨率或移除图片中的裁剪部分，快速为演示文稿文件减肥。

招式说明

先按 Alt，再分别按 J、P、M = 显示 [压缩图片] 对话框

速学流程

1. 选取要调整的图片（若要调整所有图片，也是先任选一张图片再进行设置），按 Alt 键，显示索引选项卡的按键提示字母，接着按 J 键，再按 P 键，再按 M 键。

2. 在打开的对话框中，可依据需求选择压缩的项目，如果取消选中 **仅应用于此图片** 设置将会套用至演示文稿中的全部图片；另外选择合适的目标输出项目及分辨率（分辨率数字越小文档越小），设定完单击 **确定** 按钮即可。

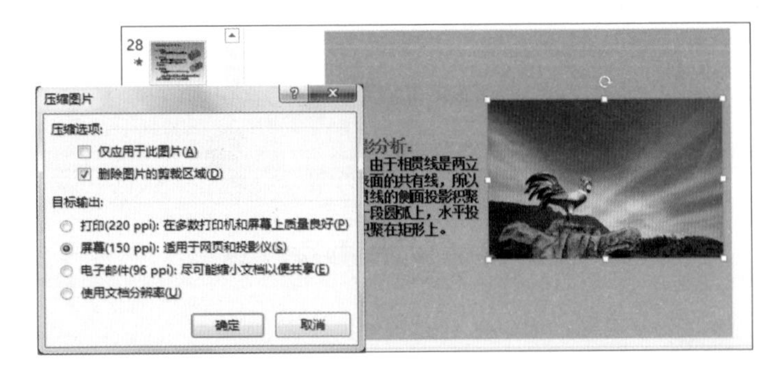

一次替换演示文稿内指定的字体

图文设计技巧

做了上百页的幻灯片，才发现要调整某个字体，怎么调整才有效率呢？在此介绍这组快捷键，可以快速解决问题。

招式说明

先按 Alt，再分别按 H、R、O = 一次替换演示文稿内指定的字体

速学流程

1. 打开 PowerPoint，按 Alt 键，显示索引选项卡的按键提示字母。
2. 接着按 H 键，再按 R 键，再按 O 键，在打开对话框 **替换** 项目会列出整份演示文稿中有使用的字体，选择希望进行替换的字体，然后在 **替换为** 项目中挑选合适的字体，单击 **替换** 按钮即可一次替换演示文稿中的所有字体。

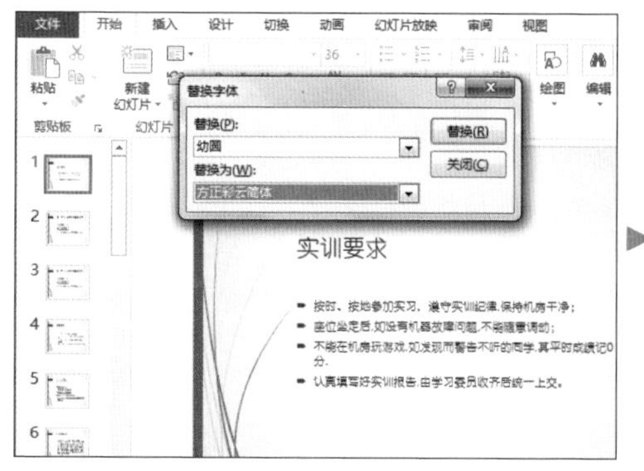

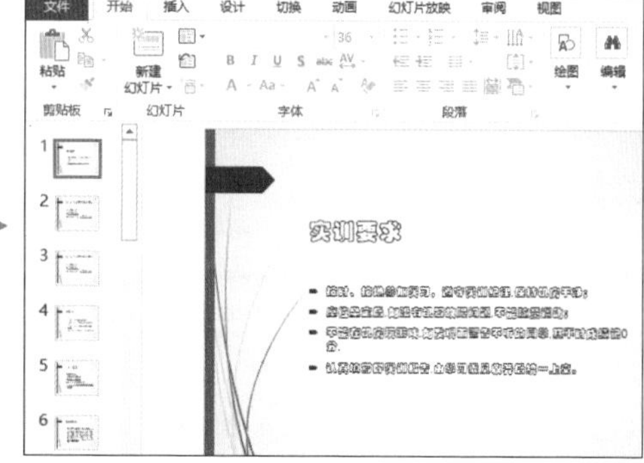

178 调整文字层级让标题与正文更清楚

图文设计技巧

PowerPoint 界面左侧会有 **幻灯片** 与 **大纲** 窗格，架构安排与层级规划可以让演示文稿内的文字更清楚明了地呈现，若想在段落分明的 **大纲** 窗格中进行演示文稿内容编辑，可以运用快捷键来进行窗格切换。

招式说明

Ctrl + Shift + Tab = 切换 [幻灯片] 和 [大纲] 窗格

Alt + Shift + ← = 升级

Alt + Shift + → = 降级（最多只降到第八级）

速学流程

1. 演示文稿左侧窗格区，默认会打开 **幻灯片** 窗格显示幻灯片缩略图，按 Ctrl + Shift + Tab 组合键，即可切换至 **大纲** 窗格。

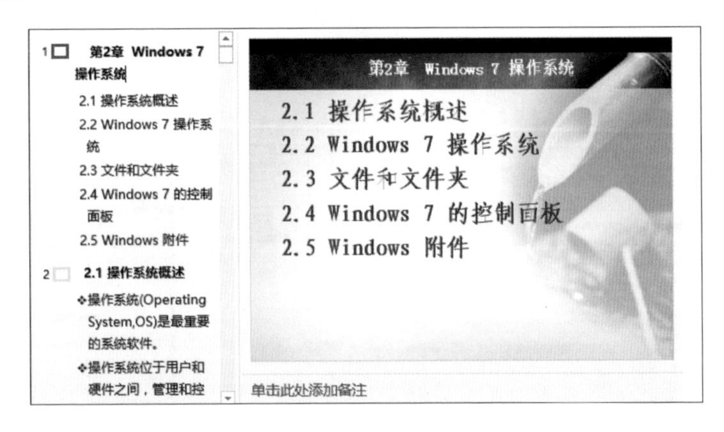

2 将插入点移至要调整升降级的段落。

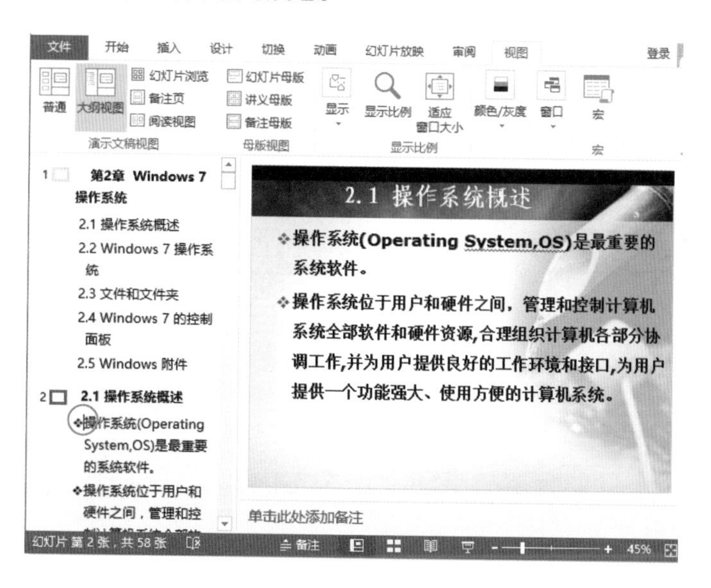

3 按 Alt + Shift + ← 组合键，此段落的层级即往上升一个阶层（按 Alt + Shift + → 组合键，即下降一个阶层）。

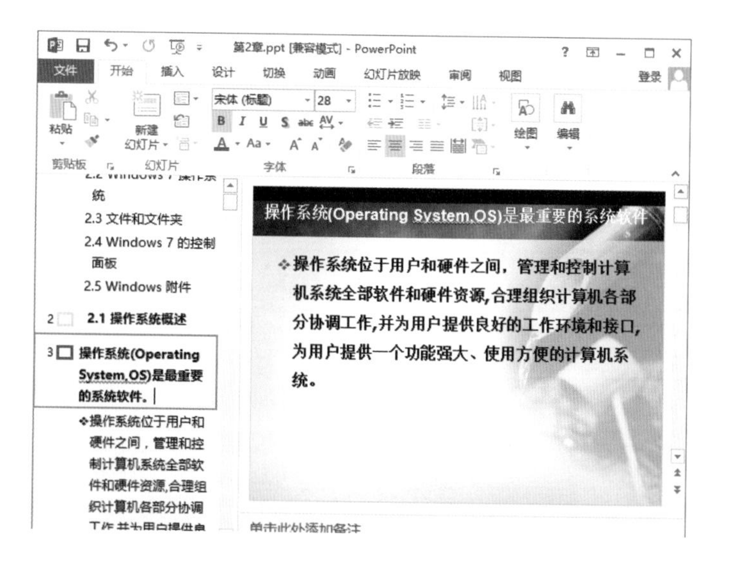

179 借助标题调整幻灯片前后顺序

图文设计技巧

大纲 窗格中，可以清楚显示每张幻灯片内容的文字架构与段落，若是想借助标题调整幻灯片的前后顺序，但又不想上下滚动窗口中的滚动条，可以运用快捷键将全部内容折叠起来，只保留标题查看，再拖拽标题即可调整前后顺序。

招式说明

Alt + Shift + 1 = 在 [大纲] 窗格将内容全部折叠仅显示标题

Alt + Shift + 9 = 在 [大纲] 窗格将内容全部展开

速学流程

1. 按 Ctrl + Shift + Tab 组合键打开 **大纲** 窗格，预设内容会呈现全部展开状态，在 **大纲** 窗格内任意处单击。

2. 按 Alt + Shift + 1 组合键，这时会只剩下标题，选取标题后按住鼠标左键不放拖拽可以借助标题的移动调整幻灯片的前后顺序（在幻灯片版式设置上的默认标题设置区中输入文字即可成为标题）。

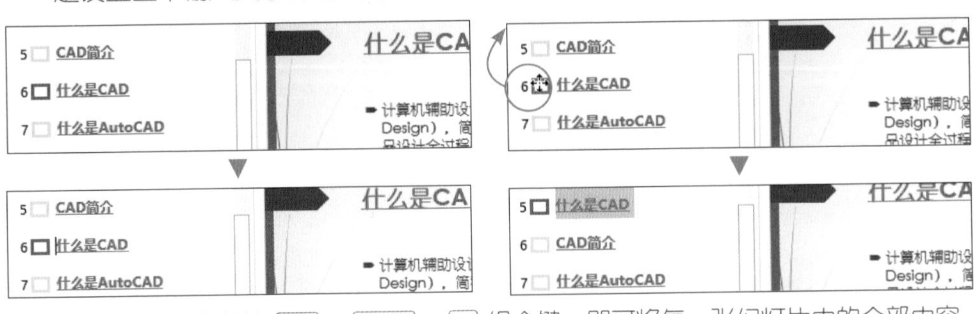

（**大纲** 窗格中若按 Alt + Shift + 9 组合键，即可将每一张幻灯片内的全部内容展开。）

180 进行演示文稿中纯文本内容的编辑与总览

图文设计技巧

在 **大纲视图** 中查看仅会显示每张幻灯片的标题和主要文字，不论是进行总览演示文稿、变更项目符号、变更段落顺序、变更幻灯片前后顺序或套用格式，使用 **大纲视图** 查看是最方便的选择。通过这组快捷键，可以更容易掌握 **大纲视图** 中文字层级的展开或折叠浏览。

招式说明

Alt + Shift + ± = 在 [大纲窗格] 中展开文字层级

Alt + Shift + - = 在 [大纲窗格] 中折叠文字层级

速学流程

1 按 Ctrl + Shift + Tab 组合键打开 **大纲** 窗格，将插入点移至 **大纲** 窗格欲展开内容的幻灯片中。

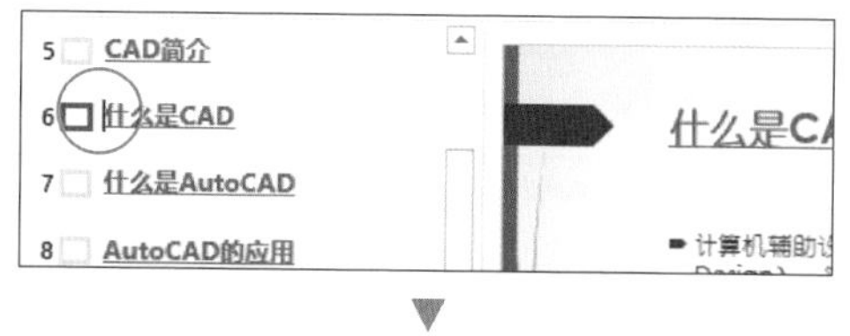

2 按 Alt + Shift + ± 组合键，即会立即展开该幻灯片中被折叠的段落内容（按 Alt + Shift + - 组合键，即可再折叠段落内容）。

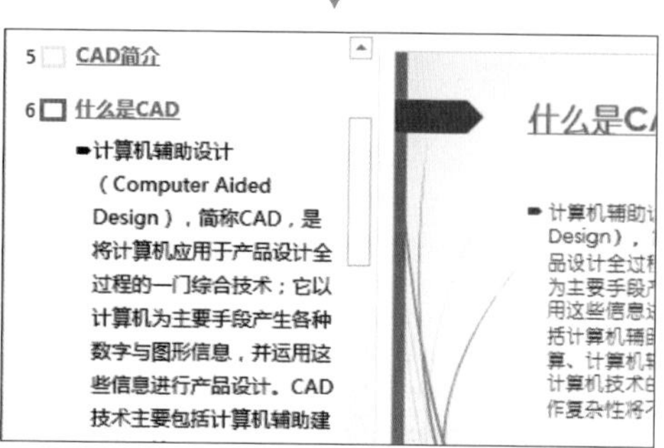

181 应用母版编辑修改版式

图文设计技巧

演示文稿虽然可以套用内置的主题，但看起来都比较公式化，如果想要打造个人风格的演示文稿，就非“母版”莫属。母版即是幻灯片的版式，保存了模板中的相关数据，只要统一变更字体样式或加入 LOGO 等，就能一次搞定！

招式说明

Shift + 回（普通视图）= 进入 [母版] 编辑模式

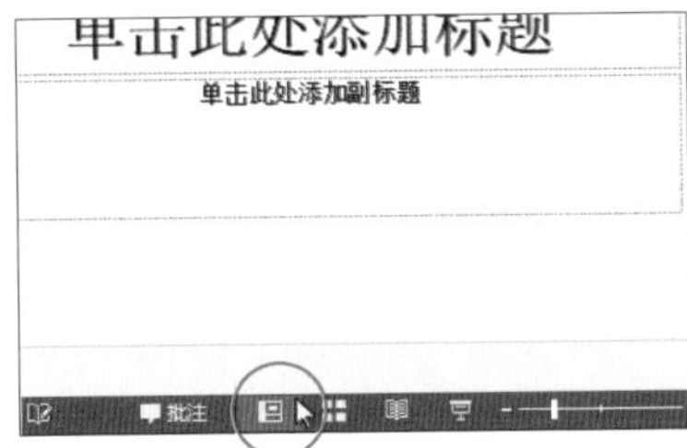

速学流程

1. 打开 PowerPoint，按住 Shift 键不放，再选按窗口右下角 回 **普通视图** 按钮。
2. 即可进入母版编辑模式，若是要统一演示文稿整体的设计，可以由第一张 **幻灯片母版** 进行调整；如果只在特定的版式设置母版中调整时，可以在该版面进行调整，调整完毕再按 **幻灯片母版** 索引选项卡单击 **关闭母版视图** 按钮即可完成。

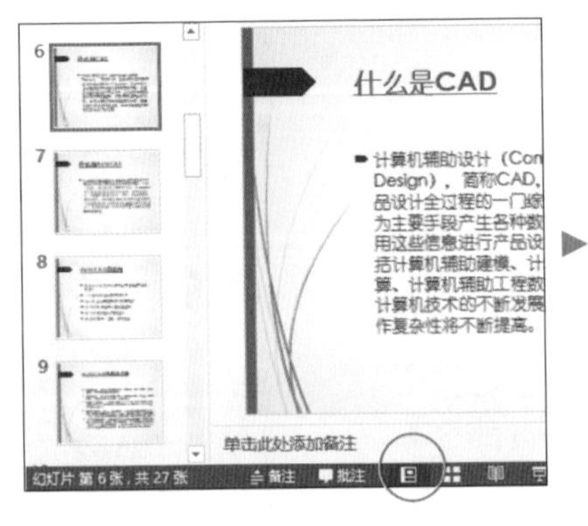

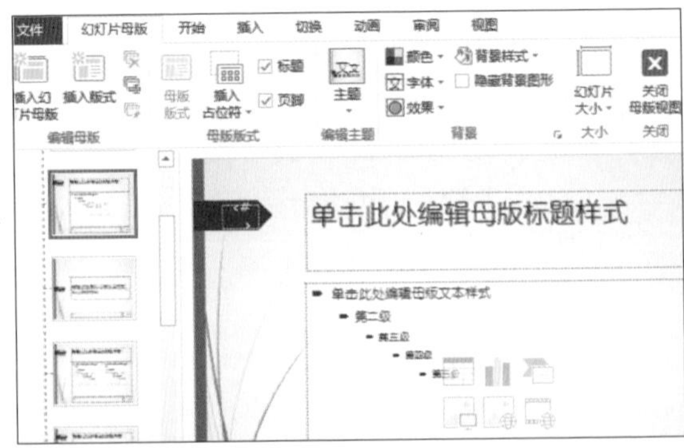

182 打包演示文稿字体，在其他计算机也能显示

图文设计技巧

当制作好的演示文稿拿到另一台计算机上放映时，是否常会遇到找不到字体，而以默认 **宋体** 字体替换的状况，这时可以将字体以嵌入文件的保存方式来解决。

招式说明

先按 Alt，再分别按 F、T = 显示 [PowerPoint 选项] 对话框

速学流程

1. 打开 PowerPoint，按 Alt 键，显示索引选项卡的按键提示字母，接着按 F 键，再按 T 键。

2. 打开 **PowerPoint 选项** 对话框，选按 **保存** 项目，选择 **将字体嵌入文件**，接着选择嵌入的方式，设定完成单击 **确定** 按钮，这样一来当该文件进行保存时即会将此演示文稿用到的字体嵌入至文件中。

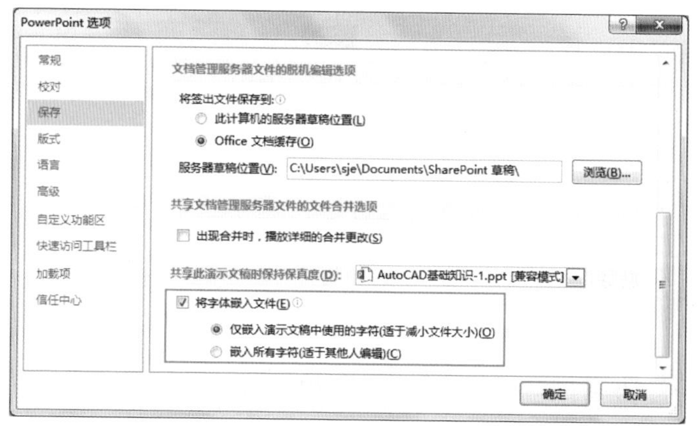

183 加上动画效果

多媒体设计技巧

静态的演示文稿叙述，不但平淡而且也无法引人入胜，这时如果善用 PowerPoint 的动画效果，让幻灯片上的文字、图片、图表内容动起来，那演示文稿就更加精彩了。

招式说明

先按 Alt，再分别按 A、S = 为图文套用动画效果

速学流程

1. 选取要加入动画效果的图片或文字对象，按 Alt 键，显示索引选项卡的按键提示字母。
2. 接着按 A 键，再按 S 键打开 **动画** 列表，这时可以选择合适的动画效果进行套用。

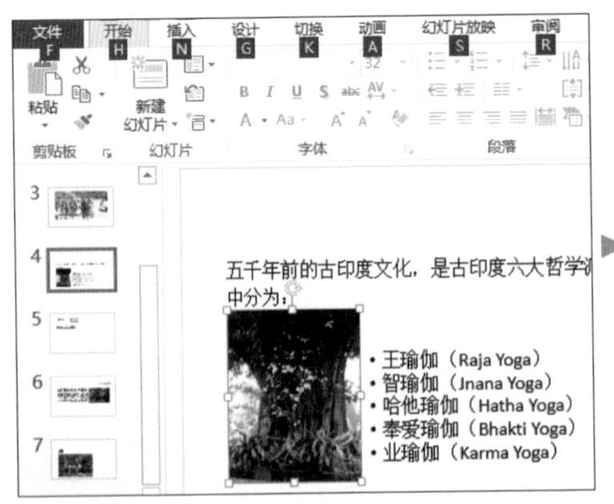

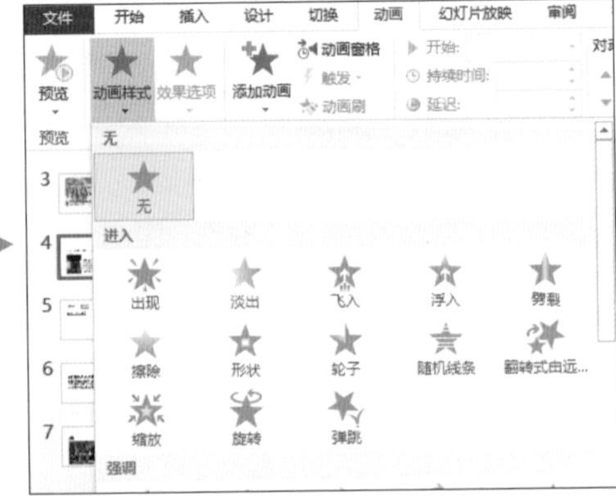

加入视频影片

多媒体设计技巧

在演示文稿中一定少不了加入与主题相关的影片视频，不但有画龙点睛的效果，也可以让演示文稿的内容更丰富有趣，掳获浏览者的目光。

招式说明

先按 Alt，再分别按 N、V、P = 加入视频影片

速学流程

1. 切换至要插入视频的幻灯片，按 Alt 键，显示索引选项卡的按键提示字母。
2. 接着按 N 键，再按 V 键，再按 P 键，在打开的对话框选取要插入的视频文件，再单击 **插入** 按钮完成插入视频影片的操作。

185 加入音乐增添演示文稿气氛

多媒体设计技巧

一份演示文稿如果没有增加趣味性的东西时，可能会看到台下很多人都在“梦周公”，所以演示文稿中加上符合内容的音乐，不但可以增添不一样的气氛，还能引起观众的兴趣和注意力。

招式说明

先按 Alt，再分别按 N、O、P = 加入音频文件

速学流程

1. 切换至要插入音频的幻灯片，按 Alt 键，显示索引选项卡的按键提示字母。
2. 接着按 N 键，再按 O 键，再按 P 键，在打开的对话框选取要插入的音频文件，单击 **插入** 按钮即完成插入音乐的操作。

186 将演示文稿搭配旁白录制成教学影片

多媒体设计技巧

演示文稿除了可以加入视频与背景音乐，还可以为每张幻灯片录制旁白，并导出为（*.mp4）或（*.wmv）格式的影片文件，不管是使用在学校授课、企业员工训练，还是产品说明会等，都相当的方便。

招式说明

先按 Alt，再分别按 F、E、Z

= 录制计时和旁白

速学流程

1. 打开 PowerPoint 并确定麦克风收音正常，按 Alt 键，显示索引选项卡的按键提示字母，接着按 F 键，再按 E 键，再按 Z 键进入创建视频界面。

2. 选按 **不要使用录制的计时和旁白 \ 录制计时和旁白**，在打开的对话框单击 **开始录制** 按钮，便会进入录制界面。

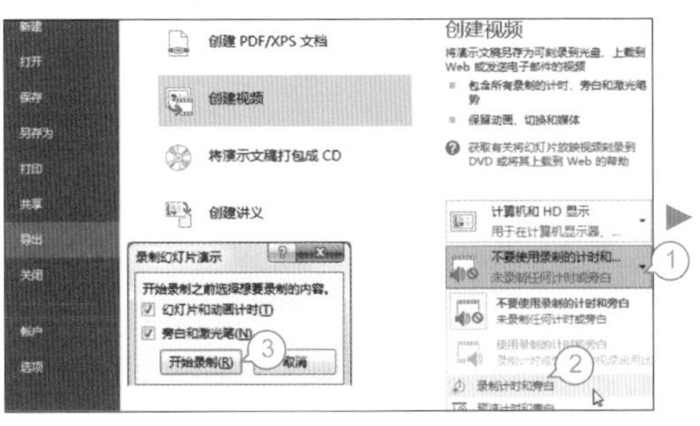

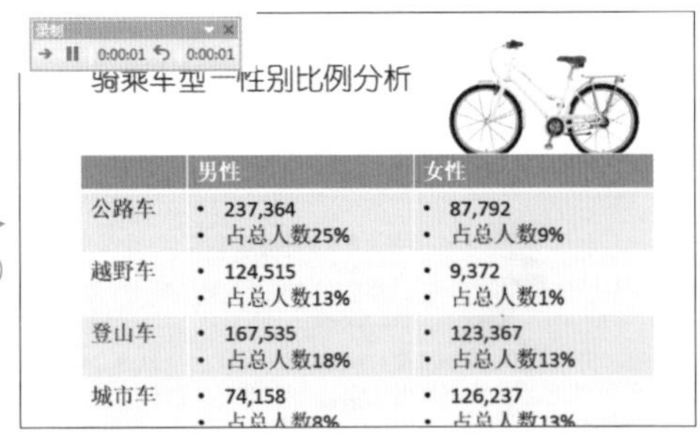

3. 录制过程可以搭配麦克风说明内容，待幻灯片放映完毕即停止并完成录制操作。

4. 录制好旁白后，可以在 **导出** 界面选按 **创建视频** 按钮，将录制好的演示文稿内容导出为影片文件（直接放映演示文稿时也会放映录制的内容）。

187 调整演示文稿放映方式

放映技巧

在放映演示文稿之前，可以在 **设置放映方式** 对话框进行设置，里头包含放映类型、放映幻灯片、放映选项和换片方式，依据演示文稿的需求适当调整，就能更精确地掌握每份演示文稿的放映方式。

招式说明

Shift + （幻灯片放映）= 调整演示文稿放映方式

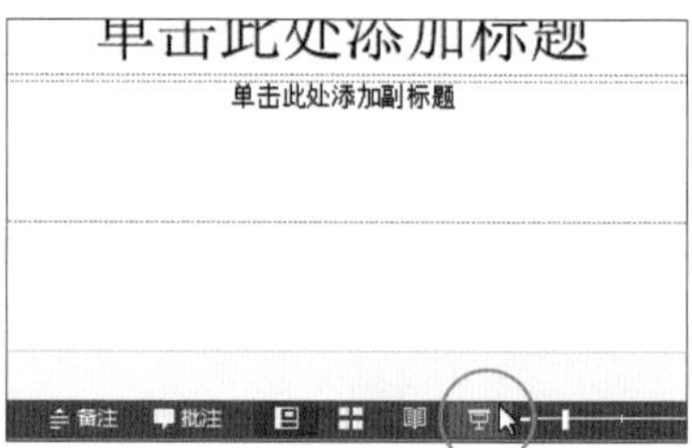

速学流程

1. 打开 PowerPoint，按住 Shift 键不放，再单击窗口右下角 **幻灯片放映** 按钮。
2. 在打开的对话框中，设置需要的放映方式。

188 让演示文稿一页一页自动放映

放映技巧

在没有主讲人且仅做产品展演时就会需要设定此播放类型，让演示文稿一页一页自动循环播放，如卖场摊位、会议导览等，自动放映演示文稿就是事先设置好幻灯片放映的时间，在放映时幻灯片会依据该时间进行自动放映并换片。

招式说明

先按 Alt，再分别按 K、I = 依据指定的放映间隔时间自动放映

速学流程

1. 选取演示文稿中的任一张幻灯片，按 Alt 键，显示索引选项卡的按键提示字母。
2. 接着按 K 键，再按 I 键，在 **每隔** 字段输入每张幻灯片间隔多久就需要换片的时间，再单击 **全部应用** 按钮即可完成整份演示文稿每张幻灯片的设置，待放映时会自动依据指定的间隔时间换片。

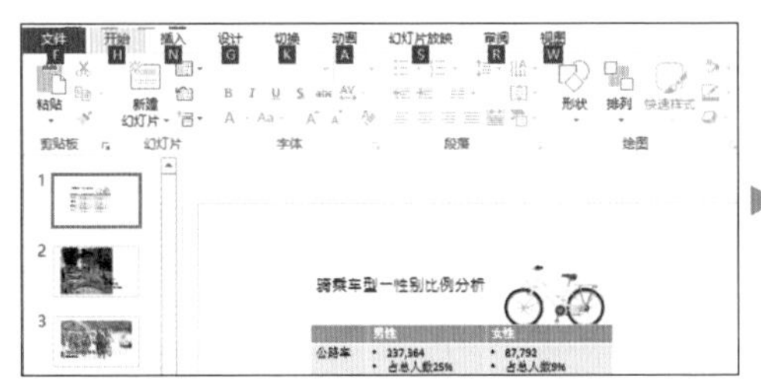

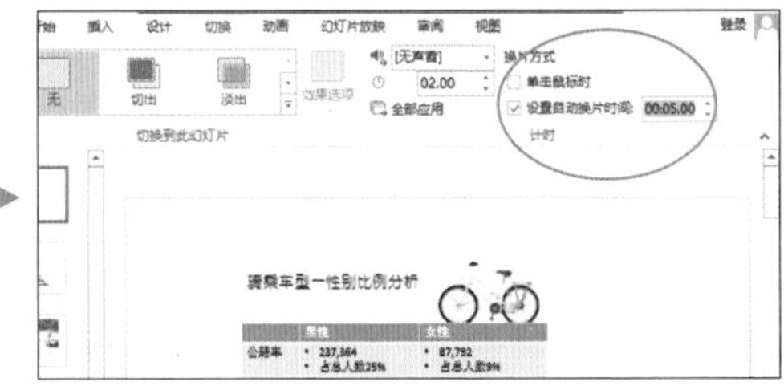

（如果不希望每张幻灯片换片时间均相同，可一张张选取设置，并且不要单击 **全部应用** 按钮。）

189 让演示文稿依排练时间自动放映

放映技巧

运用上一个技巧虽然可以自动放映演示文稿，但若不是很确定应该设定多少换片间隔的时间，可以通过 **排练计时** 功能进行演示文稿排练并录下每一张幻灯片所需的时间，就可以使用这份记录的时间让幻灯片自动换片，上场时才能有完美的演出。

招式说明

T = 换片并继续录制排练

R = 删除此张幻灯片刚刚录制的内容并继续录制排练

O = 删除前一张幻灯片的录制内容并继续录制排练

速学流程

1 打开 PowerPoint，在 **幻灯片放映** 索引选项卡选按 **排练计时**，自动打开放映排练。

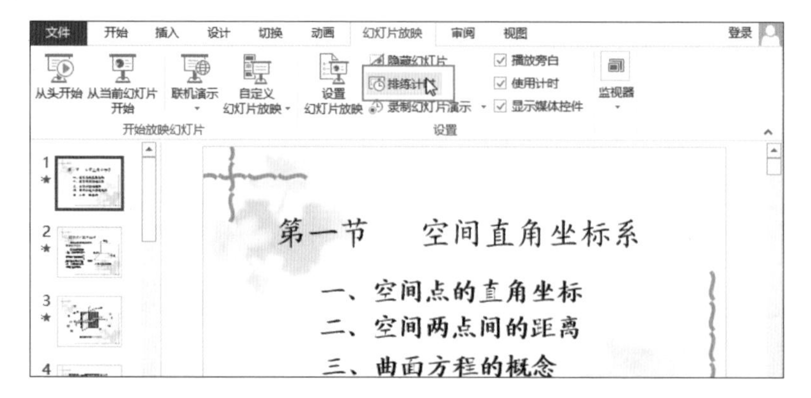

2 按 R 键，会弹出对话框告知已暂停录制并将此张幻灯片刚刚录制的内容清除，若单击 **继续录制** 按钮，即可重新进行该页幻灯片的录制排练。

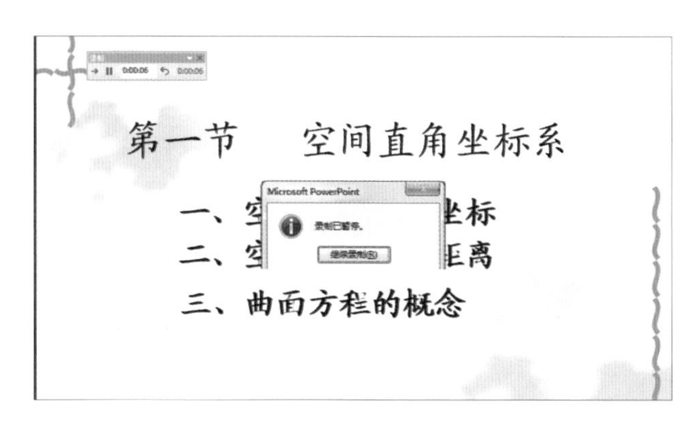

3 按 T 键，幻灯片会自动换片，此张幻灯片录制时间会从起始时间点（0:00:00）开始录制，演示文稿总录制时间则会持续累加。

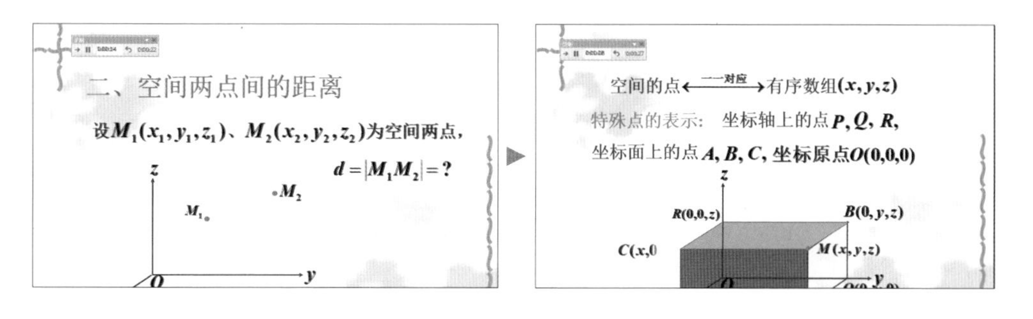

4 按 O 键，幻灯片会自动换片，此张幻灯片会从起始时间点（0:00:00）开始录制，演示文稿总录制时间则会在删除前一张幻灯片的录制时间与内容后，再继续累加目前排练幻灯片的录制时间。

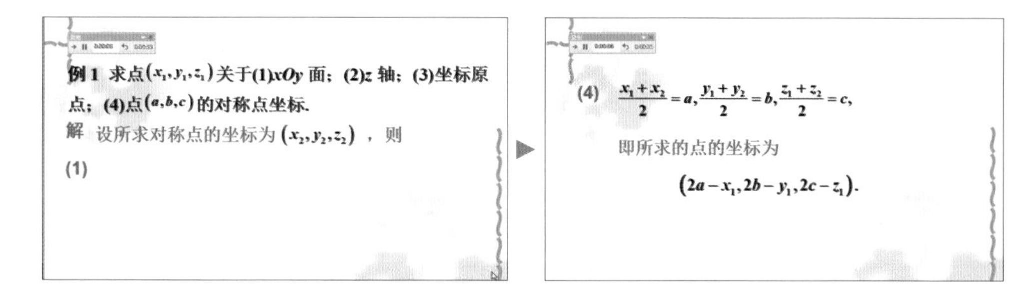

190 隐藏不放映的幻灯片

放映技巧

如果制作好的演示文稿，有几张幻灯片需要暂时隐藏不要放映，这时会如何处理？把需要隐藏的幻灯片删掉吗？还是再重新制作呢？其实只要几个按键就能隐藏不需要的幻灯片，而在放映时只显示此次演示文稿需要的幻灯片。

招式说明

先按 Alt，再分别按 S、H = 隐藏幻灯片

速学流程

1. 打开 PowerPoint，切换至 **幻灯片浏览** 模式，选取欲隐藏的幻灯片（在此选取幻灯片 6、7 和 8），按 Alt 键，显示索引选项卡的按键提示字母，接着按 S 键，再按 H 键。

2. 这样一来，被选取的幻灯片缩略图编号处会被标注上灰色的斜线，表示已成功隐藏起来，这样放映此演示文稿时就不会出现被隐藏的幻灯片。

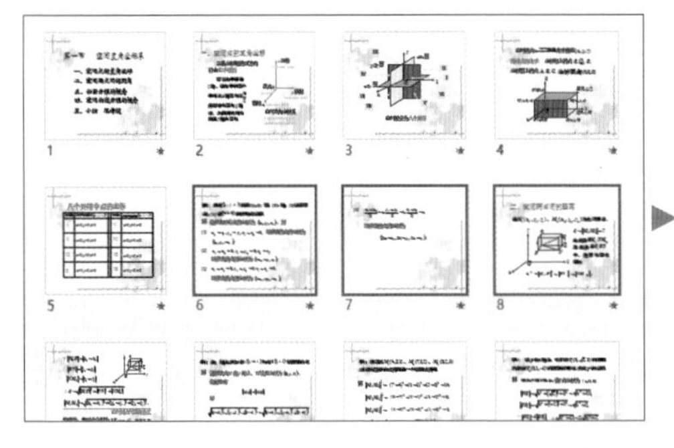

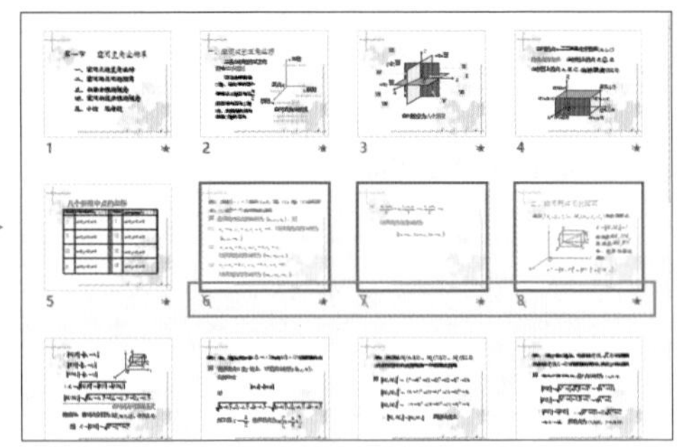

（选取被隐藏的幻灯片，并按 Alt 键，再按 S 键，再按 H 键，会取消隐藏该幻灯片。）

191 从第一张幻灯片放映

放映技巧

辛辛苦苦完成了一份演示文稿制作，最重要的就是“放映”了！除了用鼠标选按窗口右下角的播放图标，也可以利用按键放映。

招式说明

F5 = 从第一张幻灯片放映

速学流程

1. 打开要放映的演示文稿，不论目前正在编辑哪一张幻灯片，按 F5 键。
2. 这时会从该演示文稿的第一张幻灯片进行放映。

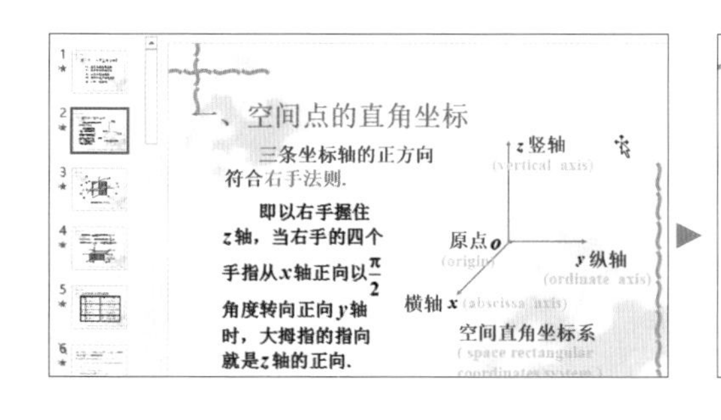

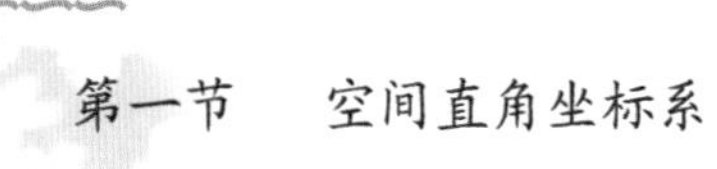

192 从目前幻灯片放映

放映技巧

放映幻灯片不一定都得从第一张开始放映，如果想要从目前查看的幻灯片进行放映，可以用下方的快捷键，直接放映所在幻灯片。

招式说明

Shift + F5 = 从目前幻灯片放映

速学流程

1 在左侧 **幻灯片** 窗格选取要进行放映的幻灯片。

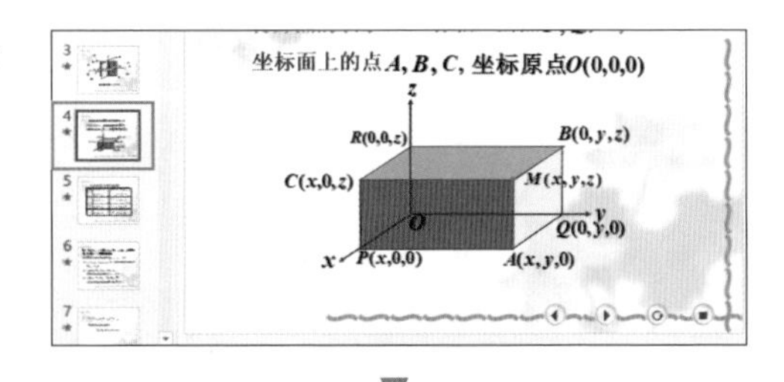

2 按 Shift + F5 组合键，就会从目前查看的幻灯片开始播放。

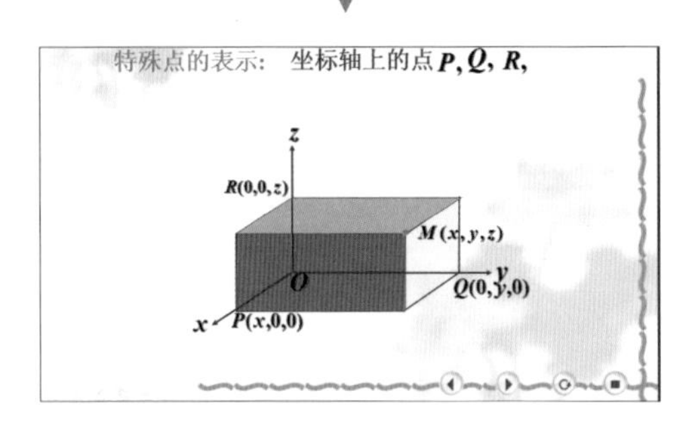

193 放映时快速跳至指定放映的页面

放映技巧

放映幻灯片时，若想跳至指定页面，不需要离开播放界面用鼠标滚动点选重新播放，也不必狂按 PageDown 换页，只要利用快捷键就能移动至指定页数。

招式说明

先按数字键，再按 Enter = 放映时快速跳至指定放映的页面

速学流程

1. 打开 PowerPoint，先按 F5 键从第一张幻灯片进行放映。

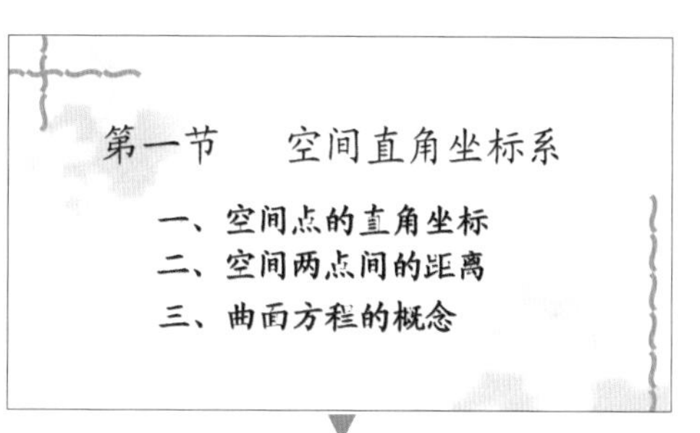

2. 在此示范跳至第 6 张幻灯片，先按 6，再按 Enter 键，就会立刻跳至该张幻灯片（如果要跳至第 20 张幻灯片，则是先按 2，再按 0，再按 Enter 键）。

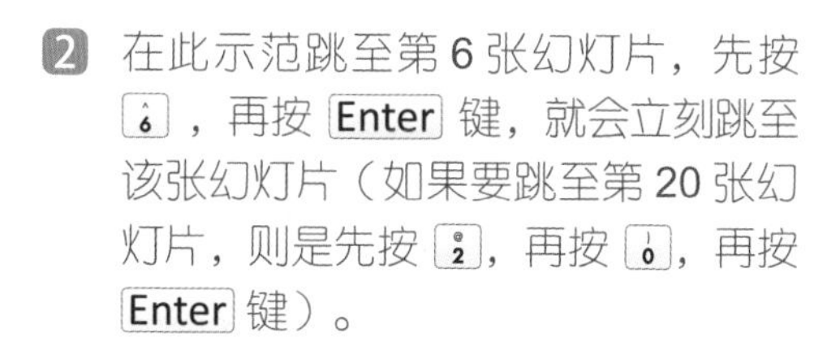

例 1 求点 (x_1,y_1,z_1) 关于(1)xOy 面；(2)z 轴；(3)坐标原点；(4)点 (a,b,c) 的对称点坐标.

解 设所求对称点的坐标为 (x_2,y_2,z_2)，则

(1) $x_2=x_1,y_2=y_1,z_1+z_2=0$，即所求的点的坐标为 $(x_1,y_1,-z_1)$；

(2) $x_1+x_2=0,y_1+y_2=0,z_2=z_1$，即所求的点的坐标为

194 放映时快速跳至第一张幻灯片

放映技巧

在放映多张幻灯片的时候，如果突然要切回第一张幻灯片，您的做法是一张一张倒退切换，还是结束放映，按 F5 键重新放映？其实不用那么麻烦，只要运用一些快速的技巧，就能立即回到第一张幻灯片！

招式说明

Home = 按住鼠标左右键不放（约 3s）= 放映时跳至第一张幻灯片

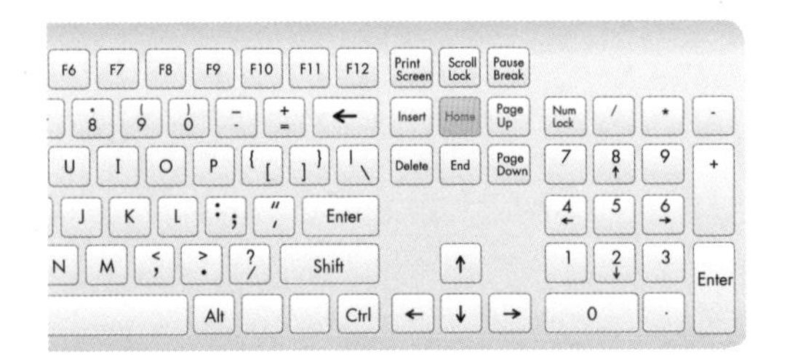

速学流程

1. 打开 PowerPoint 并进行放映（目前所在位置在第 4 张幻灯片）。
2. 按 Home 键，就会立即回到第一张幻灯片（或者同时按住鼠标左右键不放，大概 3s，也会自动回到第一张幻灯片）。

- **2.1.1 蓄电池的分类**
- 蓄电池是一种可逆的低压直流电源。放电时，化学能转变为电能；充电时，电能转变为化学能。
- 蓄电池的种类很多，视其电解液的酸、碱性，蓄电池分为碱性蓄电池和酸性蓄电池两大类。碱性蓄电池的电解液为化学纯净的氢氧化钠或氢氧化钾溶液；碱性蓄电池具有容量大、使用寿命长、维护简单等优点，但因价格昂贵，未能推广。酸性蓄电池的电解液为化学纯净的硫酸溶液。其电极主要成分是铅，电解液是稀硫酸溶液。

195 放映时跳至上一张、下一张幻灯片

放映技巧

放映演示文稿时，如果一时按太快多跳了几页，想回到上一张幻灯片时多半会右击在快捷菜单中进行切换，不仅会中断演示文稿过程，对台下的观众而言也不太专业，善用快捷键可以为放映效果加分。

招式说明

PageUp = 放映时跳至上一张　　PageDown = 放映时跳至下一张

速学流程

1. 打开 PowerPoint 并进行放映，在目前的幻灯片按 PageDown 键，会立即跳至下一张幻灯片。
2. 再按 PageUp 键即可跳至上一张幻灯片。

▲ 第一张幻灯片

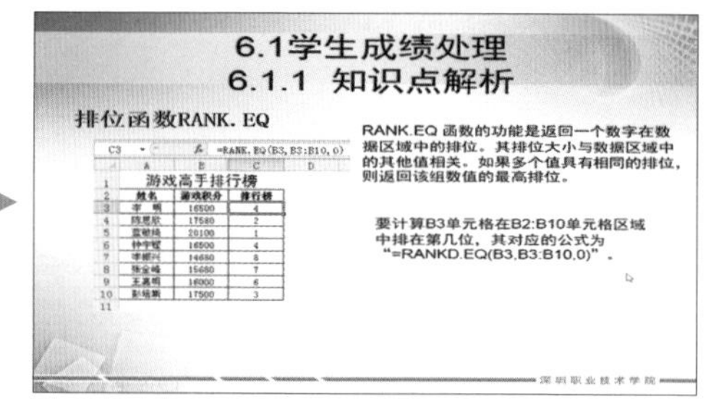

▲ 第二张幻灯片

196 放映时依幻灯片标题，快速跳页

放映技巧

Ctrl + S 这组快捷键除了可以用于保存文件，在演示文稿放映状态下选按这组快捷键，可以进行幻灯片的跳页选择。

招式说明

Ctrl + S = 放映时依据幻灯片标题，快速跳页

速学流程

1. 打开 PowerPoint 并进行放映。
2. 按 Ctrl + S 组合键打开 **所有幻灯片** 对话框，在其标题列表中可以选按想要浏览的标题，再单击 **定位至** 按钮快速进行跳页。

放映时显示任务栏

放映技巧

放映幻灯片是以全屏幕的方式进行放映，窗口下方的任务栏会被强制隐藏，这时如果欲显示下方任务栏，只要运用以下快捷键，就能轻松将它“变”出来。

招式说明

Ctrl + T = 放映时显示任务栏

速学流程

1 打开 PowerPoint 并进行放映。

2 按 Ctrl + T 组合键，在屏幕下方即会显示任务栏，即可方便切换至其他软件。

PowerPoint 不必说话就赢的演示文稿术

198 放映时也能修改错误内容

放映技巧

在放映演示文稿的时候，看到内容中文字打错或图片跑掉，要如何实时进行修改呢？接下来分享在暂停放映幻灯片的状况下，打开编辑区进行设置的好用小技巧。

招式说明

Alt + Tab = 放映时显示编辑界面

速学流程

1. 打开 PowerPoint 并进行放映，如果按 Alt + Tab 组合键，会暂停目前的幻灯片放映，并显示编辑窗口。
2. 可以在编辑窗口调整需要修改的演示文稿内容，完成后再单击 **最小化** 按钮，返回到放映状态。

199 放映时显示或隐藏鼠标指针

放映技巧

演示文稿放映时会将鼠标指针“习惯性”移至幻灯片最下方至看不到，或调整鼠标指针自动消失不见或永远隐藏，就是为了避免指针影响到放映画面。

招式说明

Ctrl + H = 放映时永远隐藏鼠标指针（永不显示鼠标指针）

Ctrl + U = 放映时暂时隐藏鼠标指针（不动鼠标的情况下，会自动隐藏指针，再次移动鼠标则取消隐藏操作）

Ctrl + A = 放映时显示鼠标指针（始终显示鼠标指针）

速学流程

1. 打开 PowerPoint 并进行放映，按 Ctrl + H 组合键，可以隐藏鼠标指针。
2. 如果按 Ctrl + A 组合键，则会显示鼠标指针。

淳朴的家庭

这是一座宽绰的三合院，五间高台阶的瓦房座西朝东，为上房，南北厢房是带花墙的平房，各为三间，房子都是用老式的蓝砖挑灰砌成。东门外有一棵粗壮的把门槐①，圆圆的树冠就像一把特大的雨伞。院外有两块篮球场大小的场院，用来晾晒收获的庄稼。

淳朴的家庭

这是一座宽绰的三合院，五间高台阶的瓦房座西朝东，为上房，南北厢房是带花墙的平房，各为三间，房子都是用老式的蓝砖挑灰砌成。东门外有一棵粗壮的把门槐①，圆圆的树冠就像一把特大的雨伞。院外有两块篮球场大小的场院，用来晾晒收获的庄稼。

200 放映时画面变黑或变白

放映技巧

进行放映演示文稿的过程中，可能会有休息时间，或者说到与主题无关的话题时，如果不希望观众分散注意力时，可以先暂停放映，将画面变成全黑或全白。如果欲取消此模式，只要随便按键盘上任一键即可恢复原来的画面。

招式说明

B = 放映时画面变黑　　W = 放映时画面变白

速学流程

1. 打开 PowerPoint，确认输入法为 **英数模式**，并进行放映。
2. 按 B 键，可立即将画面变黑，按键盘上任一键又可以恢复画面（按 W 键，则会将画面变白）。

▶

放映时也能划重点

放映技巧

演示文稿放映除了可以使用市售常见的红色光笔来显示重点外，也可以利用 PowerPoint 本身所提供的画笔，直接在屏幕上圈选演示文稿的重点或者加上批注，让观众对于演示文稿的重点更能确切了解与掌握。

招式说明

Ctrl + P = 放映时将鼠标指针转换为画笔

速学流程

1. 打开 PowerPoint 并进行放映，切换至要加入标记的幻灯片。
2. 按 Ctrl + P 组合键，鼠标指针即变为画笔，按住鼠标左键不放，以拖拽的方式即可圈选重点或加上批注。

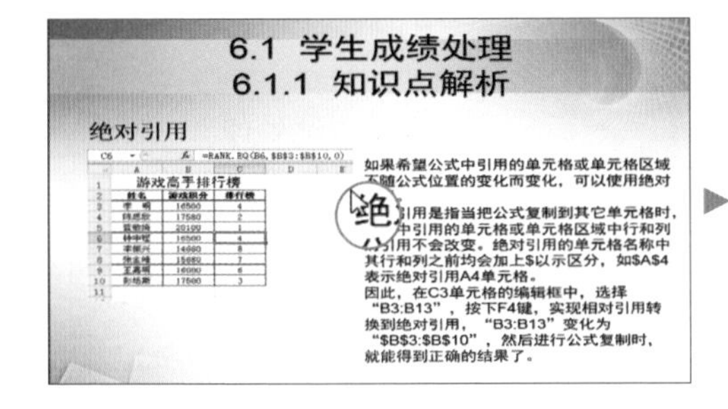

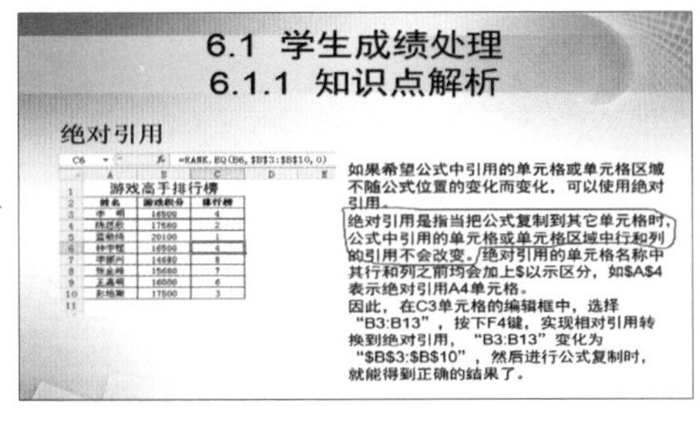

202 清除放映时幻灯片标记的重点

放映技巧

幻灯片放映时所加入的批注或圈选重点，如果发现有些地方标记错误，除了可以将鼠标指针变更为橡皮擦一一进行清除外，也可以一次清除幻灯片上的所有笔迹。

招式说明

Ctrl + E = 将鼠标指针变更为橡皮擦清除放映幻灯片时标记的重点

E = 一次清除所有画笔标记

速学流程

1. 打开 PowerPoint 并进行放映，切换至要清除画笔标记的幻灯片中，按 Ctrl + E 组合键，待鼠标指针呈橡皮擦时，在欲去除的标记上单击即可清除该标记。
2. 按 E 键，就能一次将所有画笔标记全部清除。

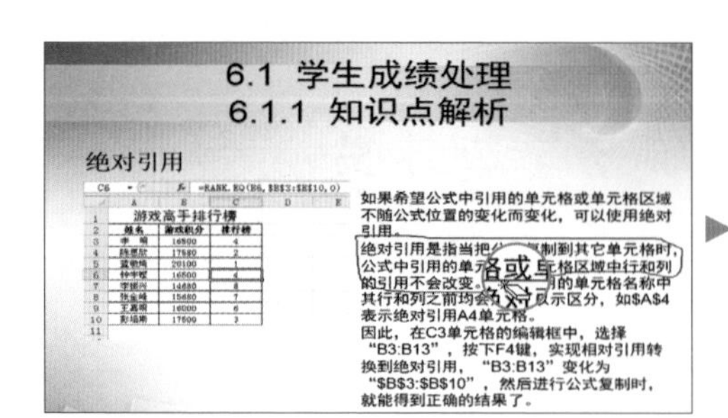

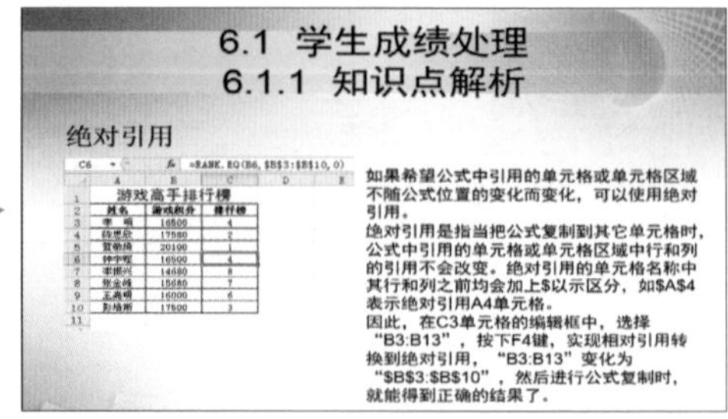

放映时视频的播放、暂停或停止设置

放映技巧

放映演示文稿的过程中，需要一边播放视频一边讲解时，就必须先暂停视频画面待讲解后再继续播放，这样的状况只要运用键盘上的按键，就能让主讲者快速又有效地掌控全场节奏！

招式说明

Alt + P = 放映时播放或暂停播放视频文件

Alt + Q = 放映时停止播放视频文件

速学流程

1. 打开包含视频文件的演示文稿并进行放映，切换至有视频文件的页面。
2. 按 Alt + P 组合键，会开始播放视频，再按 Alt + P 组合键，马上暂停播放视频（按 Alt + Q 组合键立即停止播放）。

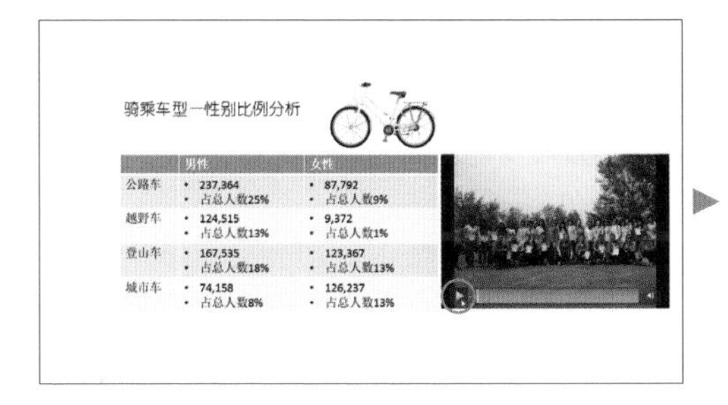

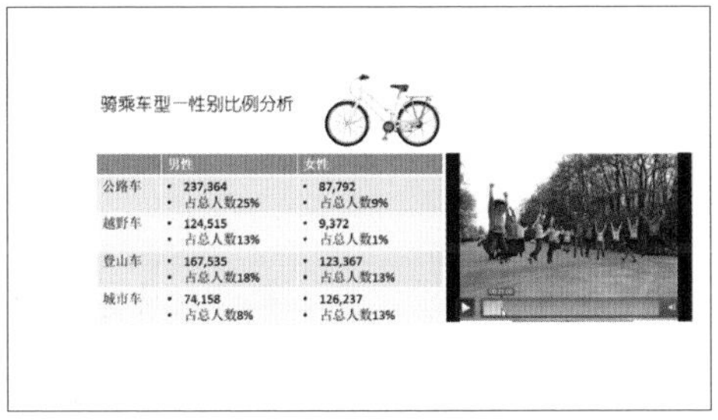

204 结束演示文稿放映

放映技巧

若要结束放映，虽然可以右击打开快捷菜单进行设置，总觉得不太方便，其实只要一个快捷键就能“火速”离开放映状态！

招式说明

Esc = 结束演示文稿放映

速学流程

1. 打开 PowerPoint 并进行放映。
2. 按 Esc 键，就会马上结束放映。

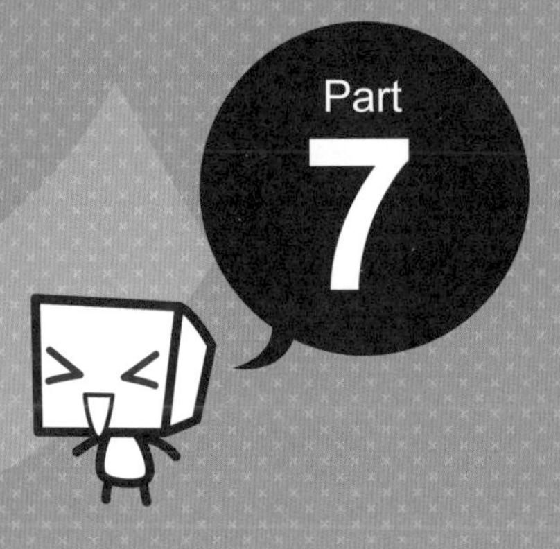

Windows 10 + 全新浏览器 Microsoft Edge

Windows 10 结合了 Windows 8 与 Windows 7 各自的强项，且听取用户的意见后对系统做了许多改善，不仅整体上性能提升、画面更有质感，使用起来也更便利了。

205 更加出色的 Windows 10

比以往更熟悉、更好

Windows 10 官网中的一句话：“比以往更熟悉、更好！”的确，Windows 10 的环境界面对于已在使用 Windows 7 或 Windows 8 的您，会觉得有许多熟悉的影子。这个版本结合了 Windows 7 与 Windows 8 各自的强项，整体更有设计感，界面以简单、直接的方式呈现，操作上也更容易上手。

不可不知的亮点

▲ 开始菜单重回 Windows，并整合了动态磁贴

▲ 可以同时在一个画面中浏览 4 个窗口，工作更有效率

▲ 虚拟桌面，将开启的应用程序归类分工更容易

▲ 窗口化的 Windows 应用商店，可以在桌面直接使用

▲ Microsoft Edge 浏览器，更出色的网页体验

▲ 绝佳的内置应用程序

206 开始菜单回来了，并更为强大

一开机进入的就是大家最期待的 **桌面** 环境，可以看到的是左下角的 **开始** 按钮与菜单回来了！

招式说明

[Windows键] = 开启、隐藏 [开始] 菜单

速学流程

开启 [开始] 菜单

只要按 [Windows键] 键（或选按桌面左下角 **开始** 按钮），便可以看到熟悉的菜单以及右侧整合了 Windows 8 开始界面的动态磁贴。

开始 菜单可以拖拽顶端或右侧边框线，让它高一点或宽一点，一次看到更多的动态磁贴。

开机与常用设置功能

如何关机？是第一次使用 Windows 8 的朋友们最常问的问题，Windows 10 的 **关机、睡眠、休眠、重新启动** 功能则回归到 **开始** 菜单中，而 **资源管理器、设置**（即 **控制面板**）功能项目也都整理在此。

开启应用程序或固定到开始画面

在 **开始** 菜单选按 **所有应用** 可以浏览这台计算机中所有安装的应用程序（依据名称排序），在应用程序名称上单击即可打开使用，而若在应用程序名称上右击，可以选择将其 **固定到“开始”屏幕**、**固定到任务栏**、**卸载**等操作。

移动与分类群组动态磁贴

动态磁贴的管理方式与 Windows 8 一样，选按想要调整摆放位置的动态磁贴，拖拽到开始界面合适的位置再放开鼠标左键即可完成动态磁贴的移动，若移动时出现一条杠将其放置在之上或之下则会独立成为新的群组（新的群组可以自定义名称）。

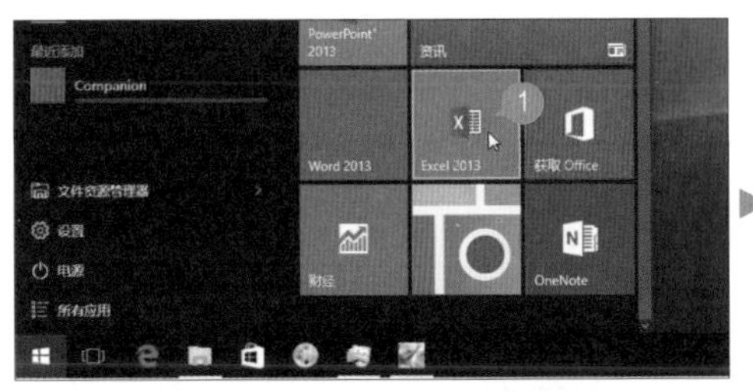

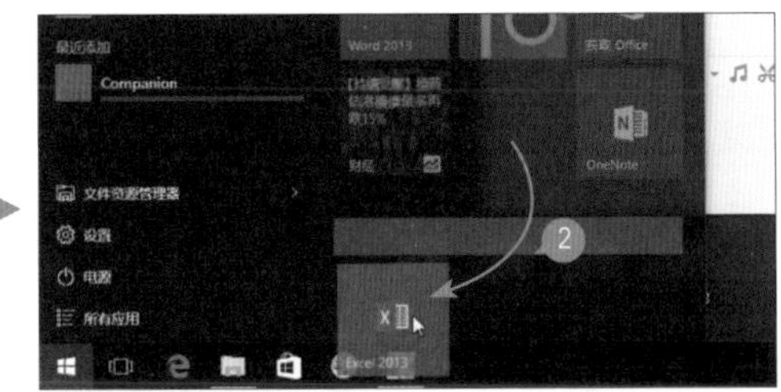

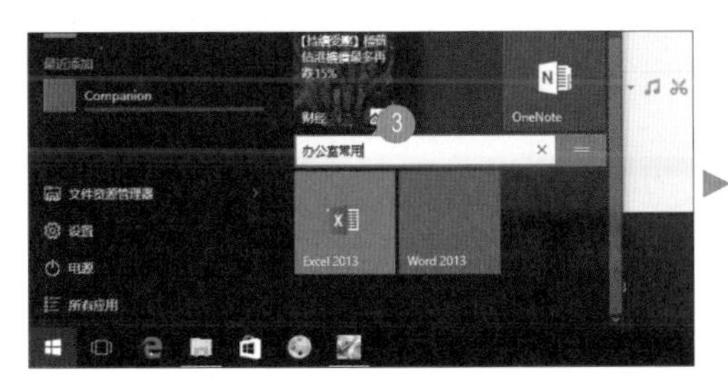

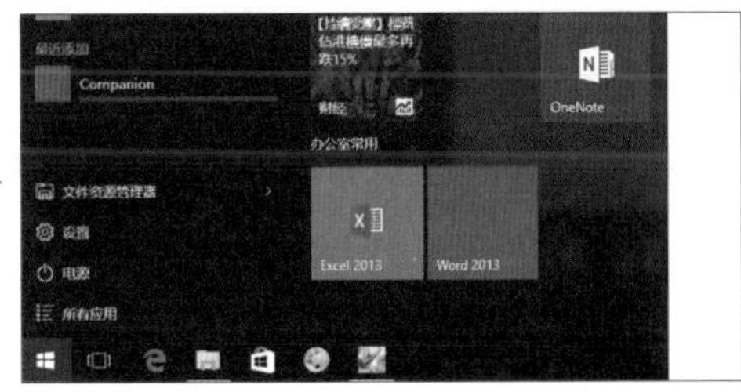

全屏幕显示 [开始] 菜单

若已习惯 Windows 8 用动态磁贴查找应用程序的操作方式，可以将 **开始** 菜单切换为以全屏幕模式显示。需单击 ⊞ **开始** 按钮 **设置→个性化→开始**，然后开启 **使用全屏幕“开始”菜单** 设置，若要恢复 Windows 10 默认的 **开始** 菜单模式，只要关闭该设置即可。

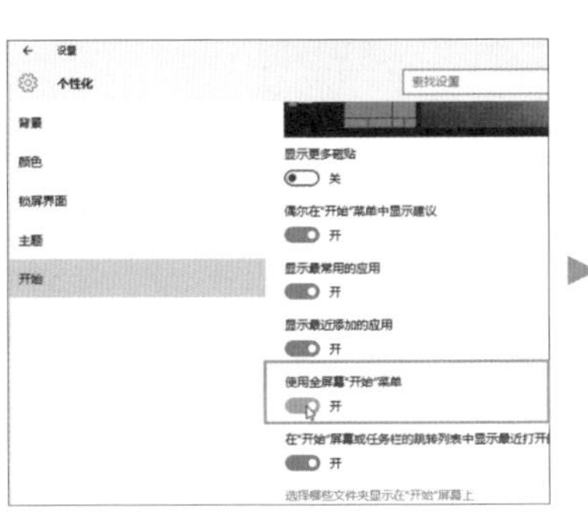

单击此处，可以找到 **设置** 项目进行关闭操作

207 多个桌面让分工更容易

工作中常会被弹出的 QQ 消息或浏览器内的微博信息所吸引。Windows 10 新增了虚拟桌面的功能，在需要安静的工作空间或想要依据工作性质将打开的应用程序进行分类管理时，可以自行新增多个桌面。

招式说明

Win + Tab = 开启、隐藏虚拟桌面任务视图界面

Win + Ctrl + → 、← = 切换至前一个、后一个虚拟桌面

Win + Ctrl + D = 建立新的虚拟桌面

Win + Ctrl + F4 = 关闭目前的虚拟桌面

速学流程

打开、隐藏虚拟桌面工作检视画面

按 Win + Tab 组合键（或单击任务栏左侧 **任务视图** 按钮），任务视图界面上方会显示目前这个桌面内打开的所有程序，单击任一个程序的缩略图可以快速进入该程序，下方则可以建立虚拟桌面。

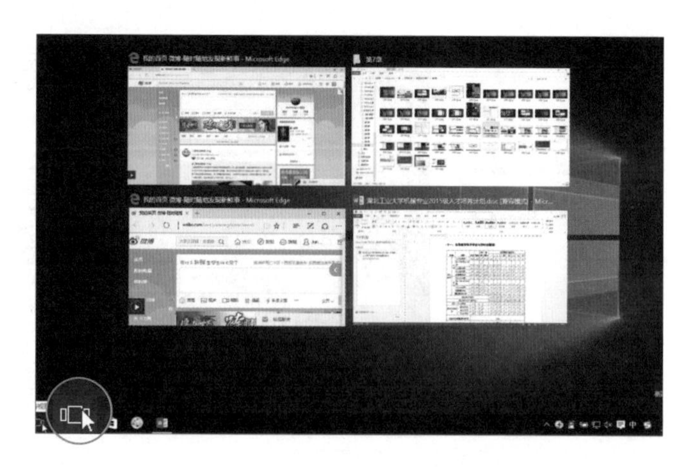

新建虚拟桌面

新建一个虚拟桌面有两种方法：可直接按 Win + Ctrl + D 组合键会立即新建并进入新的虚拟桌面内；或在任务视图界面单击右下角的 **+ 新建桌面**，即可新建一个虚拟桌面（原来的桌面取名为 **桌面 1**，新建的桌面取名为 **桌面 2**）。

指定程序窗口移至新桌面中

在任务视图界面单击 **桌面 1** 缩略图，拖拽其上方要进行移动的程序缩略图至 **桌面 2** 缩略图上再放开鼠标左键即可将指定的程序移至该桌面内（也可以在程序缩略图上右击，选按 **移至**→桌面名称）。

切换 / 关闭多个虚拟桌面

虚拟桌面间可以按 Win + Ctrl + ← 组合键切换至前一个桌面，或按 Win + Ctrl + → 组合键切换至后一个桌面。

若之后想关闭任一个虚拟桌面，可以先切换至要关闭的桌面并按 Win + Ctrl + F4 组合键，或在任务视图界面单击要关闭的桌面缩略图右上角的 ☒，而原本在被关闭桌面内仍开启的程序会自动移到前一个虚拟桌面中。

208 一次浏览多个窗口

Windows 之前的版本就有窗口贴靠功能，但在 Windows 10 更进化成可以同时在一个桌面中并排 4 个窗口，让您更有效率地使用应用程序快速完成工作（需确认 ⊞ **开始** 按钮 **设置→系统→多任务** 中已开启相关窗口贴靠设置才能呈现自动排列窗口的效果）。

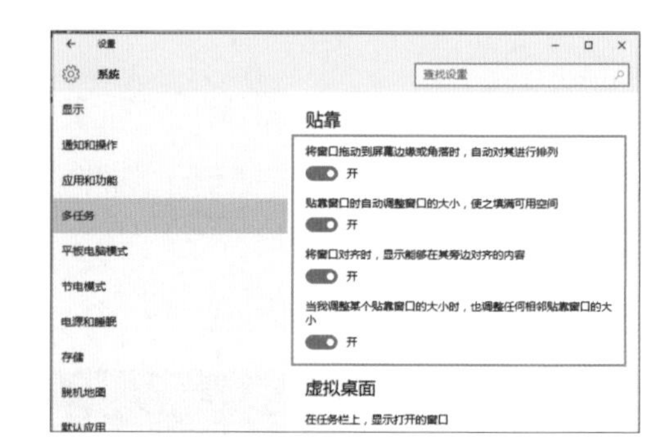

招式说明

Win + ←、→ = 依据指定的方向，将目前的工作窗口占据桌面左半边或右半边

Win + ←、→ + ↑、↓ = 依据指定的方向，将目前的工作窗口占据桌面四分之一

速学流程

两个窗口左右并排

先进入任一个窗口中，按 Win + ←（或 →）组合键，该窗口会占据画面左半或右半桌面，剩下打开的窗口则会自动以缩略图的形式排列在另一半的空间中。

若再单击任一窗口缩略图即会立刻打开并贴靠在另一半的空间中。

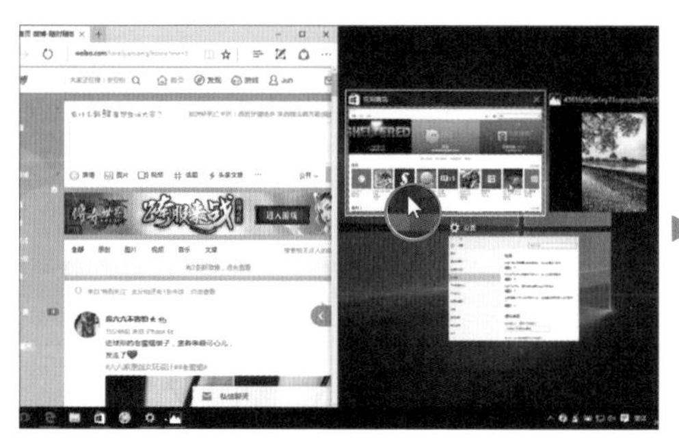

四个窗口并排

先进入任一个窗口中，按 Win + ← 组合键，再按 ↑ 键，该窗口会缩小到全画面的四分之一大小占据桌面左上角。

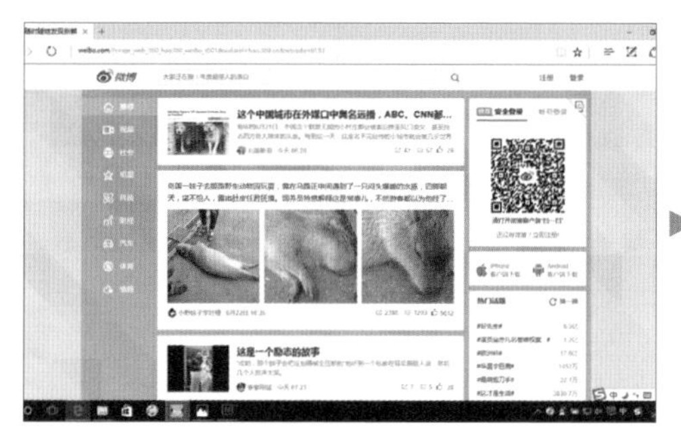

再进入另一个窗口中，按 Win + ← 组合键，再按 ↓ 键，该窗口会缩小到全画面的四分之一大小占据桌面左下角（剩下开启的窗口则会自动以缩略图的形式排列在另一半的空间中）。

以相同的方式，可以再指定窗口并按 Win + → 组合键再按 ↑ 键，会并排到桌面右上角；按 Win + → 组合键再按 ↓ 键，会并排到桌面右下角，最多可以将 4 个窗口并排在桌面上。

209 更有设计感的新界面新图标

Windows 10 这次在界面与图标上下了不少功夫，最明显的就是 **设置** 窗口与 **资源管理器** 窗口，整体呈现平面化风格的简洁设计感。

招式说明

Win + I = 打开 [设置] 窗口

Win + X = 打开菜单

Win + E = 打开 [资源管理器] 窗口

速学流程

“设置”就是“控制面板”

Windows 10 赋予 **控制面板** 崭新的面貌，并称为 **设置**。按 Win + I 组合键（或单击 **开始** 按钮→**设置**），打开 **设置** 窗口，以极简的平面化线条图案代表各个功能项目，将之前 **控制面板** 内的设置项目整理在 9 个类别中。

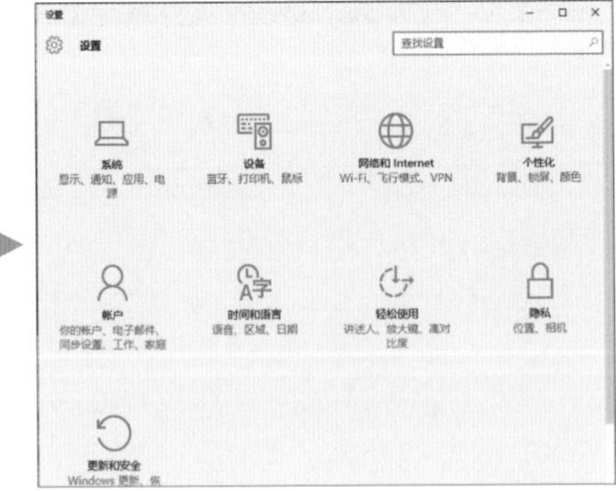

传统“控制面板”依然还在

若还是习惯之前版本的 **控制面板** 分类整理方式，按 Win + X 组合键（或在 **开始** 按钮上右击），列表中单击 **控制面板**，就可以开启之前版本的 **控制面板** 窗口。

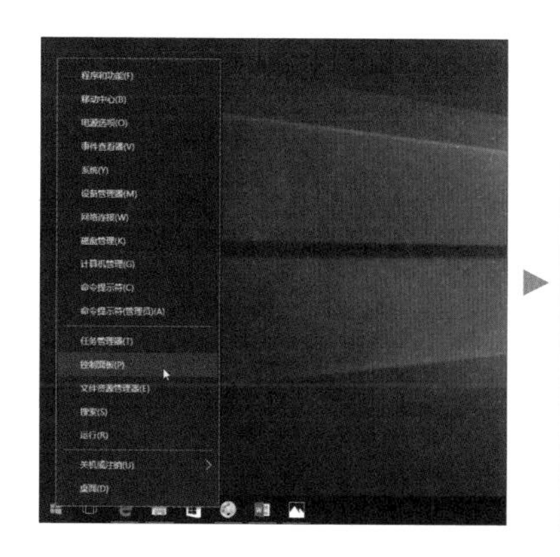

新界面简单又实用

按 [Win] + [E] 组合键可以直接打开全新设计的资源管理器窗口，仔细观察可以发现窗口边框变细了，界面与图标也不再有那么多的色彩与三维效果。

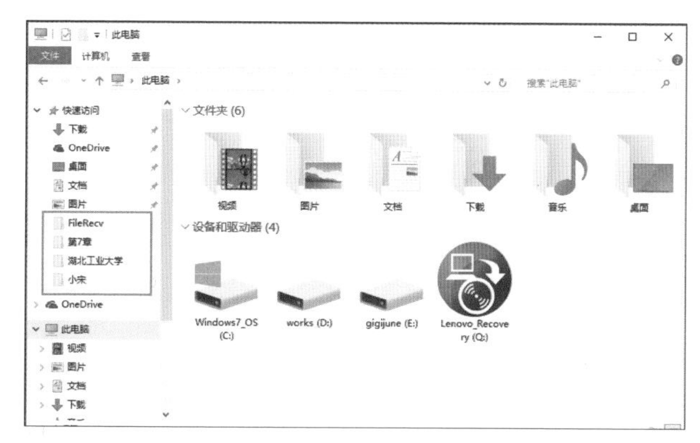

▲ Windows 10 的资源管理器窗口：左侧栏框中有一个快速访问的功能，会将最近使用的文件夹的快捷方式整理在此

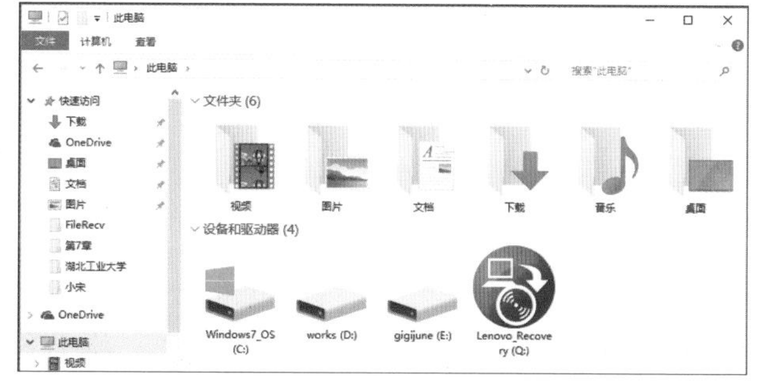

▲ Windows 8 的资源管理器窗口

210 全新的操作中心

Windows 10 有了 **操作中心** 的设计，将系统更新通知、安全性与维护、应用程序与 App 的通知消息等统一在此显示，而 **操作中心** 的最下方则显示了多个可快速切换至各项设置的操作，如无线网络、所有设置、蓝牙、屏幕亮度等。

招式说明

Win + A = 打开 [操作中心]

速学流程

按 Win + A 组合键（或可以直接单击任务栏右侧 按钮）开启 **操作中心**，可以在这里查看最新的通知消息。

下方快速设置选项默认是 **平板模式**、**连接**、**便笺**、**所有设置**，若想要调整默认的快速操作项可以在 **设置** 窗口中单击 **系统→通知和操作**， 在 **选择快速操作** 中选按要调整项目的图标，再选按合适的项目，这样即完成新的操作指定。

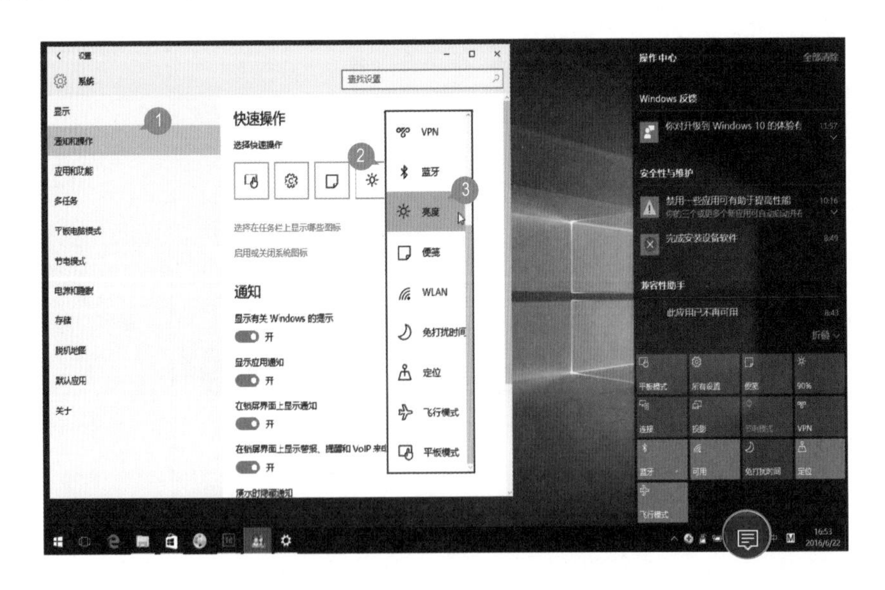

211 窗口化的 Windows 应用商店

Windows 8 就有 **应用商店**，但因为只允许以全屏幕或拆分屏幕的方式执行，用户在计算机上操作时大都觉得很不方便！而到了 Windows 10，终于提供了窗口化的 **应用商店**，应用商店中下载的 App 也能在桌面上直接打开使用了！

招式说明

⊞ + 3 = 打开 [应用商店]

速学流程

Windows 10 任务栏上预设会依序固定 **Edge 浏览器**、**资源管理器**、**应用商店** 3 个应用程序，按 ⊞ + 3 组合键就可以打开任务栏上固定在第三顺位的 **应用商店**（或可以直接单击任务栏 🛍 按钮）。

与 Windows 8 的 **应用商店** 差异不大，打开安装下载后的 App 时会发现同样已窗口化却没有独占性的问题，使用方式就跟一般应用程序一样，也可以固定到开始菜单与任务栏。

212 探索 Microsoft 地图

Windows 10 上新版的 **地图** 程序也是以窗口化的方式呈现，提供相当多国家的地图信息，也包含搜索、路线、鸟瞰图等功能。更值得一提的是，可以让用户在有网络时先下载需要的世界各地地图，以方便脱机仍可以继续使用，出门在外就不用担心发生没网络查不到路的窘况了！

招式说明

+ = 打开 [地图] 应用程序

速学流程

按 键再单击 **地图** 动态磁贴，打开 **地图** 应用程序，单击 **地图** 窗口左上角的 按钮可以打开菜单列表。

若是希望下载地图至计算机中以备脱机时使用，单击窗口左下角的 **设置→选择地图**，在 **设置** 窗口再单击 **下载地图**，接着可以选择需要的世界各国脱机地图进行下载使用。

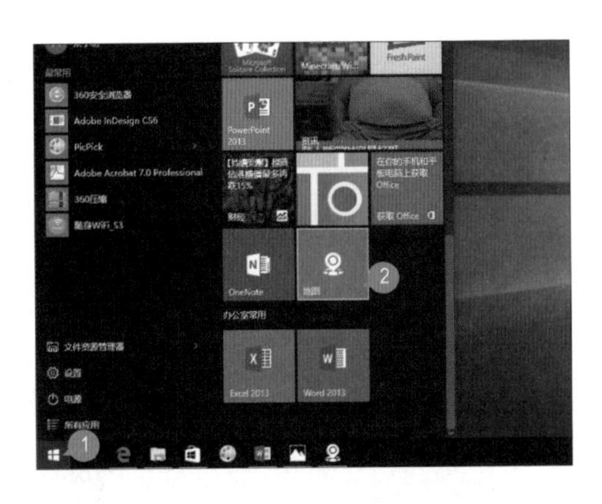

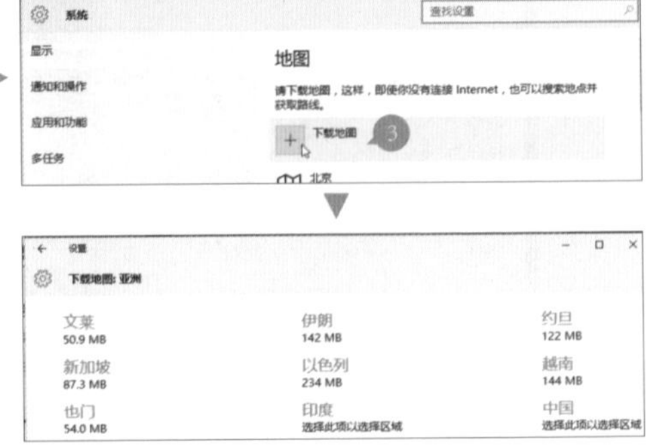

213 相片管理与编辑大突破

Windows 10 上新版的 **照片** 程序，整合微软 OneDrive 云端空间，可以同步移动设备上拍摄的照片与视频。另外，**照片** 程序最大的亮点是提升了管理与编辑、美化相关的功能，还会自动帮您挑选其中好看的系列相片制作成相册。

招式说明

[Windows] + [照片] = 打开 [照片] 应用程序

速学流程

按 [Windows] 键再单击 [照片] **照片** 动态磁贴，打开 **照片** 应用程序。

单击 **照片** 窗口左上角的 ☰ 按钮，再单击最下方的 ⚙ **设置** 按钮，可以在选项中开启 **只显示我在 OneDrive 上的云中的内容** 功能，这样一来便能同步上传移动设备内的照片和视频。

Windows 10 的 **照片** 应用程序大大提升了影像编辑、风格套用与瑕疵修补的功能，只要单击任一张照片缩略图即可进入其编辑模式中进行各种调整。

214 全新网页浏览器 Microsoft Edge

Windows 10 预设的浏览器是新开发的 **Microsoft Edge**，Edge 应用程序图标与原来的 IE 浏览器十分相似，也是一个蓝色的“e”！ **Microsoft Edge** 有更好的性能与整合能力，可让您以新的方式在网络上寻找事物、阅读及书写。

招式说明

Win + 1 = 打开 [Edge] 浏览器

Ctrl + D = 新增到 [收藏夹] 或 [阅读列表]

Ctrl + Shift + P = 打开新 InPrivate 窗口（无痕式窗口）

Ctrl + G = 打开 [阅读] 列表

Ctrl + H = 打开 [历史记录] 列表

Ctrl + I = 打开 [收藏夹] 列表

Ctrl + J = 打开 [下载] 列表

速学流程

开启 [Microsoft Edge]

Windows 10 任务栏上预设会依序固定 **Edge 浏览器**、**资源管理器**、**应用商店** 3 个应用程序，按 Win + 1 组合键就可以打开任务栏上固定在第一顺位的 Edge（或可以直接单击任务栏 e 按钮）。

网页上直接划重点、做笔记并保存分享

现在通过 **Microsoft Edge** 可以让您直接在网页页面上做笔记、涂鸦与画上醒目提示。在 **Microsoft Edge** 窗口单击 **做 Web 笔记** 按钮，会进入编辑模式。

编辑模式左上角的工具按钮分别是 **笔**、**荧光笔**、**橡皮擦**、**添加键入的笔记**、**剪辑**，只要搭配鼠标、笔或触控屏幕就可以在页面上进行涂鸦与加上笔记文字。

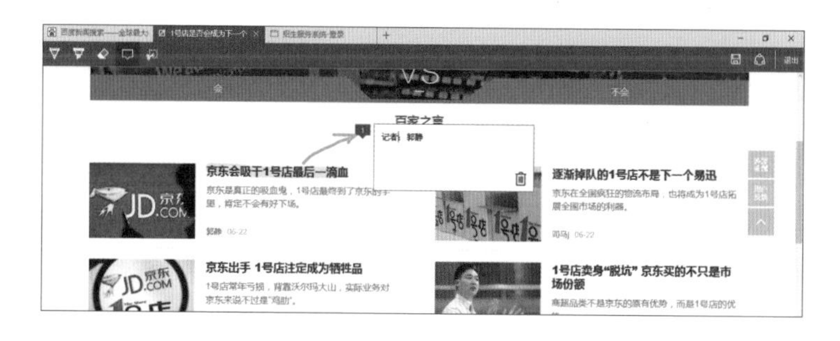

如果想将涂鸦与笔记内容应用到 Word 文件、PowerPoint 演示文稿等文件中，可单击 **剪辑** 按钮接着框选需要的部分再至文件内粘贴即可。另外，单击 **保存** 按钮可将结果保存在 **OneNote** 或 **收藏夹**、**阅读列表** 中。

单击 **结束** 可离开编辑模式

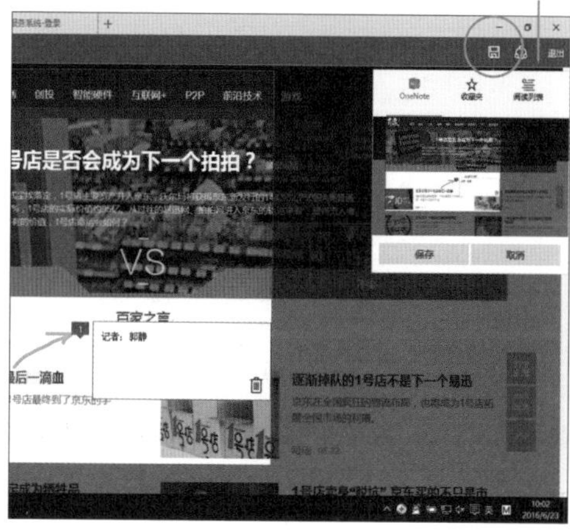

随时随地都可以阅读网页内容

看到与工作相关的重要信息或是找了好久的食谱、电影评论等文章，可以按 Ctrl + D 组合键打开列表，再指定将网页加入 **收藏夹** 或 **阅读列表** 中，这样一来就可以在之后浏览这篇文章（新增至 **阅读列表** 中的网页可以在无网络的情况下浏览）。

另外，在 **Microsoft Edge** 窗口按 Ctrl + I 组合键、Ctrl + G 组合键、Ctrl + H 组合键、Ctrl + J 组合键，可以分别打开右侧的 **收藏夹列表**、**阅读列表**、**历史记录列表** 与 **下载列表** 中心。

仍保留 Internet Explorer

Windows 10 其实还是保留了 **Internet Explorer**，只要在 **Microsoft Edge** 窗口右上角单击 ··· →**使用 Internet Explorer 打开**，即可进入 **Internet Explorer**。

浏览私密网页不怕留下记录

打开新的 InPrivate 窗口（无痕式窗口），让您浏览网页后不会留下任何的记录，如果在外使用公用计算机，又不想留下个人浏览记录时，可以使用这样一个设定！

在 **Microsoft Edge** 窗口按 Ctrl + Shift + P 组合键（或在窗口右上角单击 ··· →**新 InPrivate 窗口**），会开启一个新的 **InPrivate** 窗口，页面上会显示关于 **InPrivate** 索引选项卡的说明。

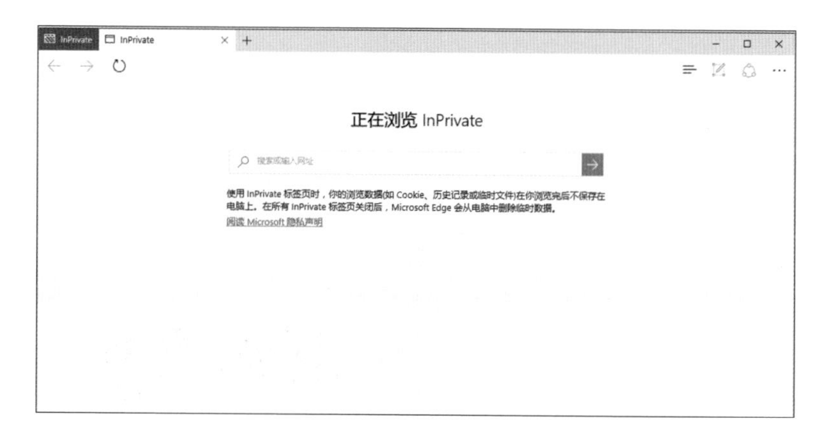

只要窗口左上角出现 **InPrivate** 蓝色矩形图示，即表示在“无痕”状态，在这个窗口内浏览过的网页或输入的暂存数据，都会在关闭此窗口后随之删除。

215 免费版 Office Mobile

Windows 10 免费升级还将搭载 Office？其实 Windows 10 安装好后并不会有 Office 软件，而是需要到 **应用商店** 中自行下载安装，且是专为移动设备设计的“Office Mobile”版本，并非一般用户认为的 Office 365 或 Office 2016 版本。但因为是安装在计算机上仅能进行浏览相关功能，建议另外购买 Office 365 或 Office 2016，才能拥有完整的编辑功能。

在 **应用商店** 中输入“Office Mobile”，可以看到有 Word、Excel、PowerPoint 三个移动版本应用程序可以下载。

进入任一个 Word、Excel、PowerPoint 移动版本的详细说明画面中，可以单击 **免费下载** 按钮进行安装。安装完成打开时会要求登录账户，若无账户可登录则单击 **暂时略过** 进入仅能浏览文件的版本。

Mobile 版本主要是针对移动设备而设计的，因此功能按钮与界面会与计算机版的 Office 不一样，如果不是以 Office 365 付费会员的身份登录使用，会发现上方的功能按钮大部分呈浅灰色无法选按，这是因为免费的版本不提供这些功能的使用，但文件的浏览阅读是没问题的。

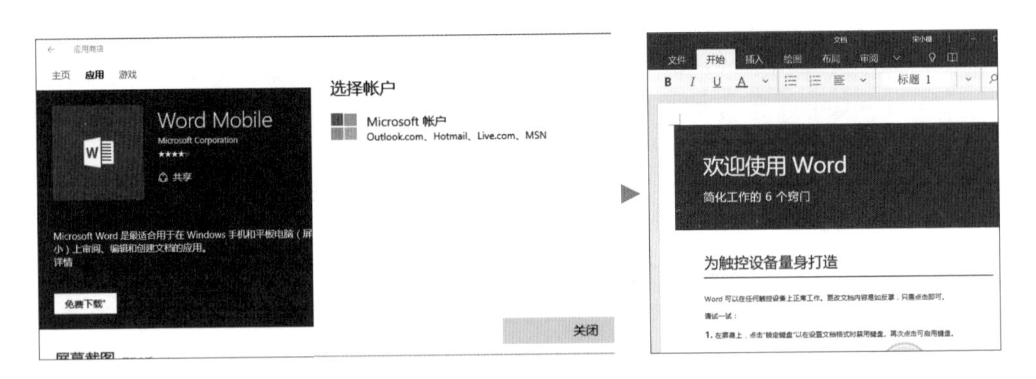

216 掌握 Windows 10 全新功能与技术

通过 Windows 官方制作的 **入门** 应用程序，可以更全面地了解 Windows 10 的全新功能与基本应用，并可以学会更聪明的使用技巧！

单击任务栏 按钮打开 **应用商店**，在右上角搜索栏中输入“入门”，进入 **入门 App** 界面中，安装好后打开该 App。

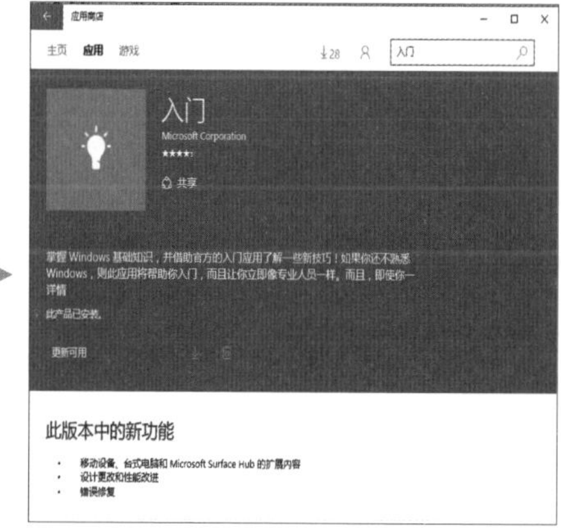

入门 窗口中单击左上角的 按钮可以开启功能列表，在列表中单击想要了解的 Windows 10 主题即可打开相应的内容。除此之外，也可以直接通过浏览器打开网页版的说明资料浏览（http://www.microsoft.com/zh-cn/windows/features）。